Praxisleitfaden Amphibien- und Reptilienschutz

Dieter Glandt

Praxisleitfaden Amphibien- und Reptilienschutz

Schnell – präzise – hilfreich

Dieter Glandt
Ochtrup, Deutschland

ISBN 978-3-662-55726-6   ISBN 978-3-662-55727-3 (eBook)
https://doi.org/10.1007/978-3-662-55727-3

Die Deutsche Nationalbibliothek verzeichnet diese Publikation in der Deutschen Nationalbibliografie; detaillierte bibliografische Daten sind im Internet über http://dnb.d-nb.de abrufbar.

Springer Spektrum

Einbandabbildung: Dr. Andreas Kronshage
Planung: Dr. Stephanie Preuß
Grafiken: Dr. Martin Lay, Breisach

Gedruckt auf säurefreiem und chlorfrei gebleichtem Papier

Springer Spektrum ist Teil von Springer Nature
Die eingetragene Gesellschaft ist Springer-Verlag GmbH Deutschland
Die Anschrift der Gesellschaft ist: Heidelberger Platz 3, 14197 Berlin, Germany

Amphibien und Reptilien erfreuen sich einer zunehmenden Beliebtheit. Das war nicht immer so. Allzu oft wurden sie als „hässlich", „heimtückisch" oder wie auch immer empfunden. Sie wurden gemieden, häufig erschlagen.

Heute sind viele Menschen fasziniert von ihren Verhaltensweisen, ihrem Aussehen und ihrer bemerkenswerten Fortbewegung, nicht zuletzt ihrem zuweilen spektakulären Beuteerwerb. Eine große Zahl an Naturschützern in Verbänden, Behörden und Planungsbüros bemüht sich darum, ihnen zu helfen. Denn es lauern viele Gefahren, derer man sich oft gar nicht bewusst ist. Besonders augenfällig ist der Straßentod, wenn es im Frühjahr zu Wanderungen kommt. Dann sind häufig zahlreiche Amphibien (Kröten, Frösche, Molche) unterwegs. Beim Überqueren stark befahrener Straßen werden viele von ihnen überfahren. Auch die Überplanung, verbunden mit dem Zuschütten von Kleingewässern, führt zu starkem Rückgang. An bestehenden Gewässern und ihrem Umfeld kommt es zu natürlichem Zuwachsen, wodurch manche Arten verschwinden. Dabei sind es gerade die selten gewordenen „Pionierbesiedler" unter ihnen, die davon betroffen sind.

Trotz wachsendem Interesse an den beiden Wirbeltiergruppen standen längere Zeit im deutschen Sprachraum keine geeigneten und handlichen Bücher zur Verfügung, aus denen man sich schnell und präzise informieren konnte. Das vorliegende Buch soll diese Lücke schließen. Das Entscheidende an ihm ist der Praxisbezug. Ich war bemüht, möglichst viele Maßnahmen zum Schutz und zur Förderung der Amphibien und Reptilien aufzulisten und praxisnah zu erläutern.

Das Buch gliedert sich in zwei Teile. Der erste Teil dient der Vermeidung von Wiederholungen und um übergeordnete Gesichtspunkte herauszuarbeiten. Dabei wird das Thema eingebunden in den umfassenden Kontext des Naturschutzes. Im zweiten Teil werden die 41 Arten, die zusammen in den drei berücksichtigten Ländern (Deutschland, Österreich, Schweiz) vorkommen, nach einem einheitlichen Schema behandelt. Die Auswahl der Inhalte und der Umfang der Artkapitel sind so gehalten, dass man sich in einer halben Stunde informieren kann, ohne anderweitig recherchieren zu müssen. Wer darüber hinaus Informationen benötigt, erhält durch die Literaturtipps am Ende der Kapitel aktuelle Hinweise.

Ochtrup, im Mai 2017   Dieter Glandt

Danksagung

Allen voran danke ich dem Verlag und besonders Frau Merlet Behncke-Braunbeck, dass dieses Buch zustande gekommen ist. Für die engagierte Betreuung des Projektes gebührt ein herzlicher Dank Frau Dr. Stephanie Preuß und Frau Anja Groth.

Eine Reihe Kollegen hat mir bei meinen Bemühungen sehr geholfen. Besonders nennen möchte ich Dr. Andreas Kronshage, PD Dr. Wolf-Rüdiger Große und Henrik Bringsøe, die den gesamten Text einer kritischen Durchsicht unterzogen und viele Anregungen, Ergänzungen und Verbesserungen einbrachten. Arno Geiger, Dr. Reinhold Schaal und Dr. Klaus Peter Zulka halfen bei der Beurteilung der Bestandssituation der Arten und der Rechtsgrundlagen. Weiterhin zu danken habe ich Dr. Benedikt R. Schmidt, Dr. Kurt Grossenbacher, Doz. Dr. Günter Gollmann für ihre Beurteilungen zum Alpenraum. Des Weiteren geht ein Dank an Dr. Guntram Deichsel, Stefan Meyer, Dr. Stefan Nehring, Prof. Dr. Ulrich Sinsch, Johan de Smedt und Dr. Udo Tegethof für Zusatzinformationen.

Allen Bildautoren danke ich für die exzellenten Aufnahmen, besonders Benny Trapp, Stefan Meyer und Henrik Bringsøe.

Ein ganz besonderer Dank geht schließlich an meine Frau Barbara, die das Buch durch viele Diskussionen und Anregungen bereichert hat.

Inhaltsverzeichnis

Teil II Artkapitel – mit besonderer Berücksichtigung praktischer Schutz-, Hilfs- und Fördermaßnahmen

Teil I
Grundlagen

Warum Amphibien- und Reptilienschutz?

Vor dem Hintergrund der spürbar gewordenen Umweltkrise erlebt der Arten- und Biotopschutz eine zunehmende Beachtung. Dies ist gut so, denn eine Reihe von Gründen sprechen zwingend dafür:

- Der von einer technisch gestalteten Umwelt umgebene Mensch sucht zur Entspannung und Erholung einen vielfältigen, landschaftlich intakten Ausgleich.
- Die Umwelt funktioniert nur durch Artengemeinschaften und deren Vernetzung untereinander, z. B. durch Räuber-Beute-Beziehungen, und mit ihrem Standort (Biotop).
- Eine Reihe von Arten hat dabei eine Schlüsselfunktion. Ein aktuelles Beispiel ist der Biber und die von ihm geschaffenen Stauteiche.
- Viele Tier- und Pflanzenarten bilden Ressourcen für den Menschen, die er nutzt, um zu überleben. Oft ist ihr Wert noch gar nicht erkannt. Es gilt ein Ressourcenpotenzial für die Zukunft zu erhalten.
- Viele Arten haben Indikatorfunktion. Sie zeigen bestimmte Qualitäten der Umwelt, in der sie leben an. Fehlen sie in Biotopen, in denen sie zu erwarten wären, sollte dem nachgegangen werden.

- Eine wachsende Zahl an Tier- und Pflanzenarten muss als gefährdet eingestuft werden, sowohl lokal als auch national und international. Dies betrifft auch die Amphibien und Reptilien. Einmal ausgestorben, sind sie für immer verloren!
- Für den Landschafts- und Raumplaner sind Arten und Lebensgemeinschaften grundlegende Ausgangsgrößen bei der Entwicklung konkreter Planungen.

Literaturtipps

Ackermann W, Streitberger M, Lehrke S (2016) Maßnahmenkonzepte für ausgewählte Arten und Lebensraumtypen der FFH-Richtlinie zur Verbesserung des Erhaltungszustands von Natura 2000-Schutzgütern in der atlantischen biogeografischen Region. Zielstellung, Methoden und ausgewählte Ergebnisse. BfN-Skripten Nr. 449. Bundesamt für Naturschutz, Bonn

Amler K et al (1999) Populationsbiologie in der Naturschutzpraxis. Isolation, Flächenbedarf und Biotopansprüche von Pflanzen und Tieren. Ulmer, Stuttgart

Bundesamt für Naturschutz (Hrsg) (2009) Wirbeltiere. Naturschutz und Biologische Vielfalt. Rote Liste gefährdeter Tiere, Pflanzen und Pilze Deutschlands, Bd. 70. Bundesamt für Naturschutz, Bonn

Glandt D (2016) Amphibien und Reptilien – Herpetologie für Einsteiger. Springer, Berlin, Heidelberg

Holtmeier F-K (2002) Tiere in der Landschaft. Einfluss und ökologische Bedeutung, 2. Aufl. Ulmer, Stuttgart

Jedicke E (1990) Biotopverbund. Grundlagen und Maßnahmen einer neuen Naturschutzstrategie. Ulmer, Stuttgart

Kaule G (1991) Arten- und Biotopschutz, 2. Aufl. Ulmer, Stuttgart

Ministerium für Klimaschutz, Umwelt, Landwirtschaft, Natur- und Verbraucherschutz des Landes Nordrhein-Westfalen (2015) Geschützte Arten in Nordrhein-Westfalen. Vorkommen, Erhaltungszustand, Gefährdungen, Maßnahmen. Ministerium für Klimaschutz, Umwelt, Landwirtschaft, Natur- und Verbraucherschutz des Landes Nordrhein-Westfalen, Düsseldorf (siehe auch Internet: www.nrw.de)

Sabarth A, Trapp B (2016) Abenteuer heimische Amphibien. Ein Naturführer für die ganze Familie. Kleintierverlag Thorsten Geier, Biebertal

Steinicke H, Henle K, Gruttke H (2002) Bewertung der Verantwortlichkeit Deutschlands für die Erhaltung von Amphibien- und Reptilienarten. Bundesamt für Naturschutz, Bonn

Bestimmungsbücher

Glandt D (2011) Grundkurs Amphibien- und Reptilienbestimmung – Beobachten, Erfassen und Bestimmen aller europäischen Arten. Quelle & Meyer, Wiebelsheim

Speybroeck J, Beukema W, Bok B, Van der Voort J, Velikov I (2016) Field guide to the amphibians & reptiles of Britain and Europe. Bloomsbury Natural History, London, New York

Jahreslebensräume und Raum-Zeit-Verhalten

2.1 Wanderungen

Zu den auffälligsten Verhaltensweisen der Amphibien gehört die häufig massenhafte Wanderung zu ihren Laichgewässern. Viele Menschen werden hierdurch überhaupt erst auf Kröten und Frösche aufmerksam, vor allem, wenn sie mit dem Auto unterwegs sind und Hinweisschilder („Achtung Krötenwanderung!") auf die frühjährlichen Laichwanderungen hinweisen.

Amphibien begeben sich aus sehr unterschiedlichen Gründen auf Wanderschaft. Die oft sehr auffällige Erdkrötenwanderung, mit der wir jedes Frühjahr auf den Straßen und dann auch in den Medien konfrontiert werden, ist eine Laichplatzwanderung. Andere Gründe für einen Ortswechsel sind:

- Abwandern vom Laichgewässer in geeignete Sommerlebensräume,
- Umherstreifen im Sommerlebensraum, um nach Nahrung zu suchen,
- Aufsuchen spezieller Winterquartiere im Herbst.

Aufs ganze Jahr bezogen pendeln Amphibien zwischen verschiedenen Teillebensräumen. Der gesamte Lebensraum wird auch als „Jahreslebensraum" (Abb. 2.1) bezeichnet.

© Springer-Verlag GmbH Deutschland, ein Teil von Springer Nature 2018
D. Glandt, *Praxisleitfaden Amphibien- und Reptilienschutz*,
https://doi.org/10.1007/978-3-662-55727-3_2

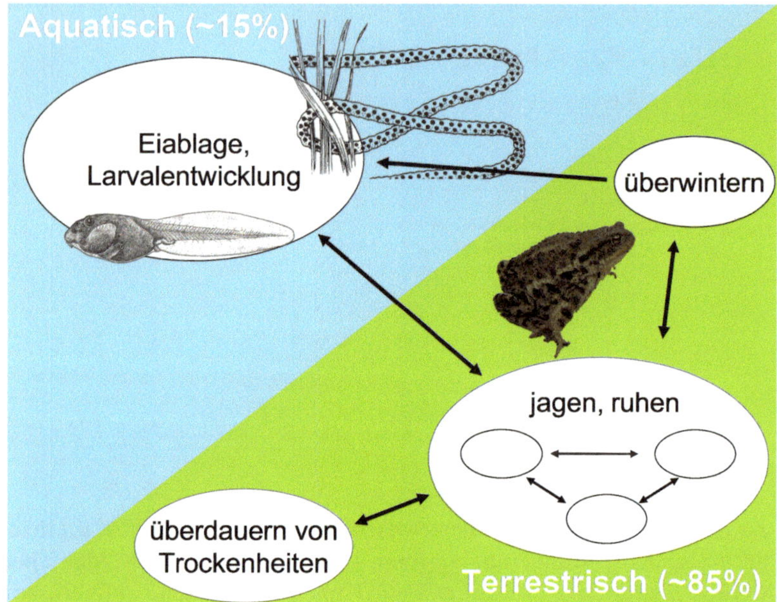

Abb. 2.1 Schematische Darstellung der Jahresbiologie einer typischen Amphibienart (Erdkröte, *Bufo bufo*). Das Gewässer ist der Fortpflanzungsort, das der Laich- und Larvenentwicklung dient. Den größten Teil des Jahres verbringen die Kröten jedoch an Land, wo sie sich ernähren und überwintern. (Originalgrafik: L. Indermaur)

Aber auch bestimmte Reptilien wandern. Besonders ist dies von der Ringelnatter bekannt. Im Frühsommer sind die Männchen unterwegs, um nach Weibchen zu suchen. Im Herbst werden Winterquartiere aufgesucht, die manchmal nur durch längere Wanderungen zu erreichen sind.

Manche Arten weichen in ihrem Ortsverhalten von dem geschilderten ab. Gelbbauchunken z. B. führen von Frühjahr bis Herbst unregelmäßige, meist kleinräumige Ortswechsel innerhalb ihres Jahreslebensraumes durch. Auffällige Massenwanderungen sind für diese und viele andere einheimische Arten nicht bekannt.

2.2 Bemerkenswerte Wanderleistungen

Auf ihren Wanderungen legen die kleinen, meist nicht mehr als 10 mm langen Geschöpfe beachtliche Entfernungen zurück und sind dann in großer Zahl unterwegs (Abb. 4.10). Dabei werden manchmal große Ent-

Tab. 2.1 Wanderleistungen mitteleuropäischer Amphibienarten, angeordnet in alphabetischer Reihenfolge. (Nach Glandt 2014; Jehle und Sinsch 2007 und anderen Autoren)

Art	Grund der Wanderungen	Häufige Distanzen	Maximale Wanderleistung
Alpen-Kamm-molch	Abwanderung vom Laichgewässer		Bis ca. 300 m; Jungtiere bis ca. 500 m
Erdkröte	Laichplatzorientierte Wanderungen	500–1500 m	3000–4000 m (manchmal erheblich mehr)
Feuer-salamander	Streifzüge im Sommerlebensraum, Aufsuchen des Winterquartiers	Bis ca. 140 m	980 m
Gelbbauchunke	Verschiedene Gründe	Bis ca. 140 m	2510 m (manchmal erheblich weiter)
Kammmolch	Verschiedene Gründe	Bis ca. 730 m	1290 m
Kreuzkröte	Ortswechsel während der Laichzeit		930 m
Kreuzkröte	Ortswechsel nach der Laichzeit		4400 m, eventuell mehr
Laubfrosch	Verschiedene Gründe	In der Regel weniger als 1000 m	4000–12.600 m (der letzte Wert geht auf ein einzelnes Individuum zurück!)
Moorfrosch	Wanderungen zwischen Laichgewässer und Sommerlebensraum	Meist bis ca. 600 m Entfernung vom Laichgewässer	Ca. 1200 m
Teichmolch	Wechsel zwischen verschiedenen Gewässern		Ca. 1200 m

fernungen zurückgelegt. Kleine Wasserfrösche (*Pelophylax lessonae*) wanderten vom Südufer des Neusiedlersees, wo sie in einem Wald überwintert hatten, rund 15 km weit zu ihrem Laichgewässer, einem Kanal am Ostufer des Sees. Für diese Strecke wurden nicht mehr als 10 Tage benötigt; das bedeutet, im Schnitt legten sie pro Tag mehr als einen Kilometer zurück!

Tab. 2.1 stellt Werte für mitteleuropäische Arten zusammen. In der Regel werden Strecken von mehreren Hundert Metern, im Maximum von etwa 1–4 km zurückgelegt. Die größten Distanzen werden in Einzelfällen von Fröschen und Kröten überwunden, aber auch Molche und Salamander können bis zu einem Kilometer und mehr zurücklegen. Weitere Extrembeispiele nennt Sinsch (2017), der jedoch betont, dass viele Werte eher auf Zufallsfunden beruhen und deshalb fragwürdig erscheinen.

2.3 Bodenständige und Vagabunden

Besondere Bedeutung haben Ortswechsel, mit denen neue oder andere Gewässer aufgesucht werden. Es werden entweder ältere Gewässer aufgesucht, in denen bereits Laichgemeinschaften der eigenen Art zusammenkommen, oder es werden neu entstandene oder vom Menschen neu geschaffene Lebensräume besiedelt. Im ersten Fall dient der Ortswechsel dem Austausch von Erbgut, im zweiten Fall der Ausbreitung einer Art. Beide Prozesse sind für das langfristige Überleben von Populationen und Arten zwingend notwendig.

Junge, frisch verwandelte Erdkröten verlassen im Sommer ihr Herkunftsgewässer und verteilen sich im weiten Umkreis vor allem in Wäldern und Gebüschen. Mit Erreichen der Geschlechtsreife, meist zwei bis fünf Jahre später, sucht der größte Teil der noch lebenden Tiere ein Laichgewässer auf. Zwischen 80 und 95 % der Erdkröten kehren zu ihrem Ursprungsgewässer zurück. Andererseits gibt es in jeder Population einen bestimmten Teil an Tieren, die sich nicht ortstreu verhalten, in der Landschaft vagabundieren und z. B. neu entstandene Gewässer besiedeln.

2.4   Wie finden Erdkröten ihr Laichgewässer?

Die Frage ist nicht leicht zu beantworten und für die meisten Amphibienarten bislang nicht möglich.

Für Erdkröten spielen chemische Reize eine wichtige Rolle (geruchliche Orientierung). Dabei wird angenommen, dass sie sich nach spezifischen Stoffen ausrichten, die aus dem Laichgewässer entweichen und durch Luftbewegungen (Wind) verteilt werden. Auch könnte das Erdmagnetfeld eine Rolle spielen. Im Labor ist die Wahrnehmung des Erdmagnetfeldes durch Erdkröten nachgewiesen (Buck 1988). Sie verfügen möglicherweise über eine Kompassorientierung, ähnlich einem Wanderer, der seine Richtung mit einem Kompass findet. Vermutlich nehmen die Tiere das Magnetfeld mit Nervenzellen des optischen Systems wahr, d. h. sie benötigen hierfür keine speziellen Sinneszellen. Bei Vögeln ist ein solcher Mechanismus nachgewiesen.

Die derzeitige Auffassung lässt sich wie folgt zusammenfassen: Für die Grobausrichtung der zum Laichgewässer gerichteten Wanderungen von Erdkröten über große Strecken (2 bis 3 km und weiter) scheint der optischen und magnetischen Orientierung eine große Rolle zuzukommen. Mit zunehmender Annäherung an das Laichgewässer wird die geruchliche Orientierung immer bedeutsamer. Zur Feinkorrektur sowie im Nahbereich des Gewässers dürfte die visuelle Orientierung eine besondere Rolle spielen. Daneben könnten in unmittelbarer Gewässernähe Feuchtigkeitsgradienten und die zu hörenden Abwehrrufe anderer Männchen der Orientierung dienen.

Für Kreuzkröten hat die visuelle Orientierung eine erheblich größere Bedeutung, um ihr Laichgewässer aufzufinden als für Erdkröten. Außerdem verfügen die Männchen über sehr laute Paarungsrufe, wodurch die hierdurch angelockten Weibchen eine Orientierungshilfe erhalten.

2.5   Schutzmaßnahmen

Welche Bedeutung haben die vorstehenden Ergebnisse für die Gefährdung von Amphibien und Reptilien, und was kann man gegen die Gefahren unternehmen?

- Grundsätzlich gefordert ist die Straßenplanung, aber nicht nur sie, sondern auch Landschaftsplaner, Naturschützer in Behörden und Verbänden usw. Generell sollte in einer frühen Phase durch Voruntersuchungen das Konfliktpotenzial in Hinblick auf Amphibien und Reptilien (wie auch anderer Tiere und Pflanzen und deren Lebensräumen) aufgezeigt und bei der Linienführung berücksichtigt werden.
- Angesichts der zunehmenden Straßen- und Verkehrsdichte sind vor allem Weitstreckenwanderer (Erdkröte, einige Froscharten, z. T. auch Molche) gefährdet. Dies wurde schon früh von Straßenbauern der Schweiz erkannt, und ihre Strategie war die Konstruktion von Durchlässen („Amphibientunnel"). Auf diese wird in Kap. 4 näher eingegangen.
- In jüngerer Zeit erweisen sich zusätzlich sog. Grünbrücken als Hilfe. Der nach oben freie Blick ermöglicht eine ungehinderte Orientierung. Näheres dazu findet sich ebenfalls in Kap. 4.
- Anlage und Vernetzung von Gewässern mit geeigneten Lebensräumen (Feuchtgrünland, naturnahe Wälder usw.) mit Strukturreichtum, z. B. Hecken, Gehölze, Säume, Waldränder.
- Intensive Landwirtschaft/Landnutzung verinselt zunehmend die Lebensräume. Es bedarf daher Flächen mit geringer Nutzung, Pufferstreifen usw., die von wandernden Amphibien und Reptilien genutzt werden können.

Literaturtipps

Verwendete Literatur

Buck T (1988) Untersuchungen zur Biologie der Erdkröte *Bufo bufo* L. unter besonderer Berücksichtigung der Erscheinungsformen und Mechanismen des Phänomens der Orientierung. Dissertation. Universtät Hamburg

Glandt D (2014) Heimische Amphibien. Bestimmen – Beobachten – Schützen. AULA, Wiebelsheim (Sonderausgabe)

Jehle R, Sinsch U (2007) Wanderleistung und Orientierung von Amphibien: eine Übersicht. Zeitschrift für Feldherpetologie 14:37–152

Sinsch U (2017) Wie weit wandern Amphibien? Verhaltensbiologische und genetische Schätzung der Konnektivität zwischen Lokalpopulationen. Zeitschrift für Feldherpetologie 24:1–18

Weiterführende Literatur

Blab J (1978) Untersuchungen zu Ökologie, Raum-Zeit-Einbindung und Funktion von Amphibienpopulationen. Schriftenreihe für Landschaftspflege und Naturschutz, Bd. 18., S 1–141

Forschungsgesellschaft für Straßen- und Verkehrswesen FGSV (2018) Merkblatt zur Anlage von Querungshilfen für Tiere und zur Vernetzung von Lebensräumen an Straßen (MAQ). FGSV, Köln

Glandt D (2016) Amphibien und Reptilien – Herpetologie für Einsteiger. Springer, Berlin, Heidelberg

Jedicke E (1990) Biotopverbund. Grundlagen und Maßnahmen einer neuen Naturschutzstrategie. Ulmer, Stuttgart

Kaule G (1991) Arten- und Biotopschutz, 2. Aufl. Ulmer, Stuttgart

Landschaftskorridore und Biotopvernetzung

3

Die in Kap. 2 geschilderten Wanderungen der Amphibien und Reptilien sind von zentraler Bedeutung für die Vernetzung der Populationen in der Landschaft. Besondere Bedeutung kommt dabei den Vagabunden zu; das sind die Individuen, die den angestammten Jahreslebensraum verlassen und neue Biotope besiedeln oder in ältere benachbarte aus-/einwandern. Es kommt deshalb darauf an, die Wanderungen der Vagabunden zu fördern. Angesichts der zunehmenden Straßen- und Verkehrsdichte steigt allerdings das Risiko, beim Querungsversuch überfahren zu werden.

3.1 Schutzmaßnahmen

- Sicherung, bei Bedarf Verdichtung eines Netzwerkes verschiedener Biotoptypen in der Landschaft, z. B. Hecken (Abb. 3.2), Waldränder, naturnahe Waldreste, Feldgehölze, feuchte Grünlandflächen, Gräben (eingehend siehe Riedel et al. 2016).
- Herausnahme einzelner Flächen aus der intensiv genutzten Landschaft.
- Diese Biotopinseln sind von einer Pufferzone (mindestens 20–30 m Breite) zwecks Minimierung der Dünger- und Pestizideinschwemmung zu umgeben.

© Springer-Verlag GmbH Deutschland, ein Teil von Springer Nature 2018
D. Glandt, *Praxisleitfaden Amphibien- und Reptilienschutz*,
https://doi.org/10.1007/978-3-662-55727-3_3

- Neuanlage einzelner Landschaftselemente zur Biotopverdichtung, z. B. Hecken, magere Säume, Kleingewässer mit angrenzendem Pufferbereich und nur geringer Nutzungsintensität.
- Wiedervernässung drainierter, ehemals feuchter Grünlandflächen.
- Förderung, ggf. Neuanlage von Streuobstwiesen.
- Förderung, ggf. Neubegründung von nährstoffarmen Biotopen/Korridoren und Säumen; Nährstoffanreicherung (Eutrophierung) und ei-

Abb. 3.1 Modelle eines „idealen" Amphibienareals (Ausschnitt, **a**) und eines realen Amphibienareals in der intensiv genutzten Kulturlandschaft (**b**). W = Wälder, Fw = Feuchtwiesen, F = Felder, H = Hecken. (Verändert nach Glandt 1981)

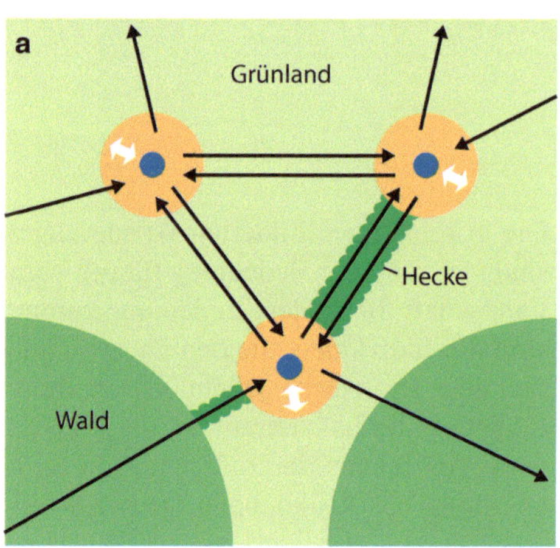

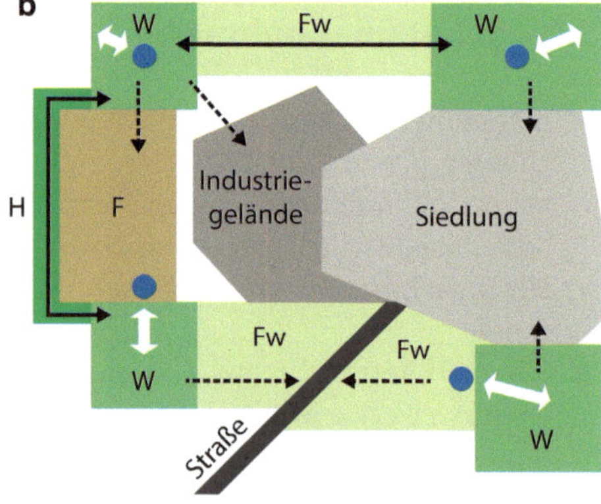

Abb. 3.2 Hecken sind gute Vernetzungsstrukturen in der intensiv genutzten Agrarlandschaft. Sie werden von vielen Amphibien- und Reptilienarten, z. B. Laubfrosch, Blindschleiche und Ringelnatter, genutzt. (Foto D. Glandt)

genständiges Zuwachsen (Sukzession) erfordern oft eine aufwendige Pflege, z. B. regelmäßige Entfernung von unerwünschtem Aufwuchs.

- Integrierter Pflanzenbau (siehe Bick 1999) ist besser als eine rein chemische Bekämpfung unerwünschter Pflanzenarten („Unkräuter"). Zu den Auswirkungen chemischer Bekämpfung siehe ausführlich Tischler (1965). Beim Integrierten Pflanzenbau werden chemische und biologische Schädlingsbekämpfung miteinander kombiniert. Die chemische Komponente soll dabei möglichst gezielt, bodenschonend und nur bei Erreichen von Schadschwellen (z. B. bei starkem Pilzbefall) eingesetzt werden (Abb. 3.3).
- Naturnahe Nutzung angrenzender Wälder.
- Umwandlung von Fichten-Reinbeständen in strukturreiche Laubwald- oder Mischbestände.

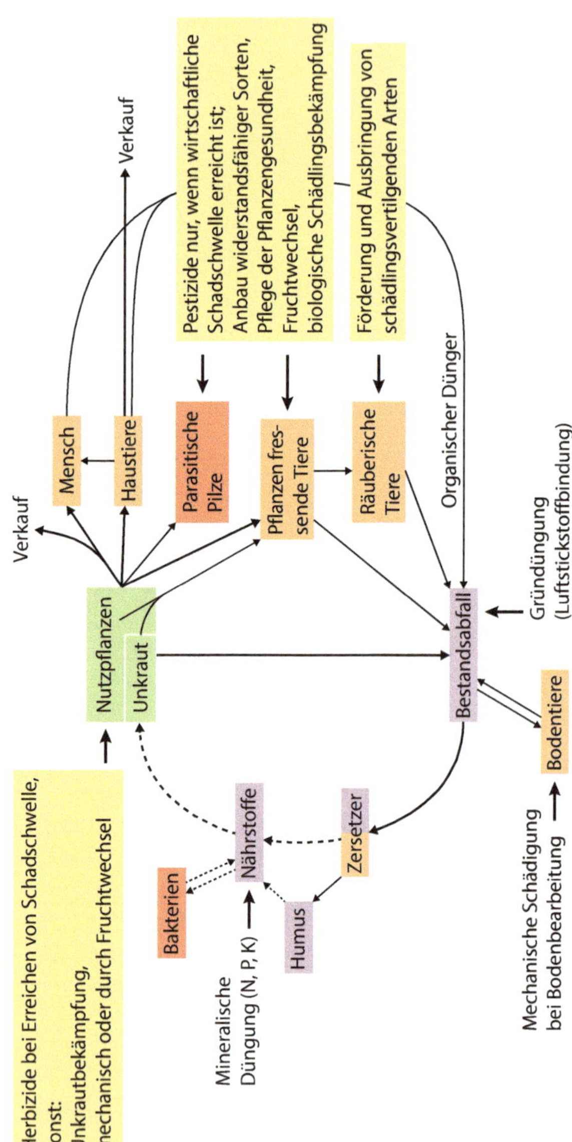

Abb. 3.3 Beziehungsgefüge in einem Agrarökosystem, das nach den Prinzipien des „Integrierten Pflanzenbaus" bewirtschaftet wird. (Verändert nach Bick 1999)

- Straßenplanungen, die wertvolle Gebiete tangieren oder durchkreuzen würden, sind zu vermeiden.
- Bei der Neuanlage von Leitlinien und Korridoren vor allem im besiedelten Bereich und im Übergangsbereich freie Landschaft – Siedlungsrand oder auch hin zu Straßen besteht die Gefahr der Hinleitung in gefährliche Bereiche (Abb. 3.1). Dann sollten die Leitlinien und Korridore möglichst an anderer Stelle geplant werden.
- Sicherung, ggf. Neuanlage versteckreicher Strukturen, z. B. Lesesteinriegel und -mauern, unverfugte Mauern in Weinbergen.
- In Einzelfällen kann es erforderlich sein, wertvolle Biotope, ggf. unter Einbeziehung von Nachbarflächen, unter gesetzlichen Schutz zu stellen.

Literaturtipps

Verwendete Literatur

Bick H (1999) Grundzüge der Ökologie, 3. Aufl. Spektrum Akademischer Verlag, Heidelberg, Berlin

Glandt D (1981) Amphibienschutz aus der Sicht der Ökologie. Ein Beitrag zur Artenschutztheorie. Nat U Landsch 56(9):304–310

Riedel W, Lange H, Jedicke E, Reinke M (Hrsg) (2016) Landschaftsplanung, 3. Aufl. Springer Spektrum, Berlin, Heidelberg

Tischler W (1965) Agrarökologie. Fischer, Jena

Weiterführende Literatur

Baker J, Beebee T, Buckley J, Gent T, Orchard D (2011) Amphibian habitat management handbook. Amphibian and Reptile Conservation. Bournemouth

Blab J (1984) Grundlagen des Biotopschutzes für Tiere. Schriftenreihe für Landschaftspflege und Naturschutz, Heft 24. Kilda, Greven

Edgar P, Foster J, Baker J (2010) Reptile Habitat Management Handbook. Amphibian and Reptile Conservation. Bournemouth, England

Gent T, Gibson S (2003) Herpetofauna Workers' Manual. Joint Nature Conservation Committee, Peterborough

Jedicke E (1990) Biotopverbund. Grundlagen und Maßnahmen einer neuen Naturschutzstrategie. Ulmer, Stuttgart

Köß B (1994) Grundlagen und Konzeption eines kleinräumigen Biotopverbundes mit Planungsbeispielen für das Lipper Berg- und Hügelland. Schriftenreihe Westf.

Amt für Landespflege, Heft 9. Landschaftsverband Westfalen-Lippe, Westfälisches Amt für Landes- und Baupflege, Münster

Milde B (1991) Planung einer kleinräumigen Biotopvernetzung. Beispiele aus dem Westmünsterland, Kreis Borken. Schriftenreihe Westf. Amt für Landespflege, Heft 3. Landschaftsverband Westfalen-Lippe, Westfälisches Amt für Landes- und Baupflege, Münster

Ministerium für Klimaschutz, Umwelt, Landwirtschaft, Natur- und Verbraucherschutz des Landes Nordrhein-Westfalen (2015) Geschützte Arten in Nordrhein-Westfalen. Vorkommen, Erhaltungszustand, Gefährdungen, Maßnahmen. Ministerium für Klimaschutz, Umwelt, Landwirtschaft, Natur- und Verbraucherschutz des Landes Nordrhein-Westfalen, Düsseldorf (siehe auch Internet: www.nrw.de)

Röser B (1988) Saum- und Kleinbiotope. Ökologische Funktion, wirtschaftliche Bedeutung und Schutzwürdigkeit in Agrarlandschaften. Ecomed, Landsberg/Lech

Tischler W (1980) Biologie der Kulturlandschaft. Eine Einführung. Fischer, Stuttgart

Amphibienschutz an Straßen – ein komplexes Thema

4

Über keine andere Thematik des praktischen Amphibienschutzes ist derart viel geschrieben und diskutiert worden. Man könnte ein eigenes Buch darüber schreiben. Nachfolgend werden lediglich die wichtigsten Punkte zusammengetragen. Wer sich genauer einarbeiten will, muss sich mit der Spezialliteratur beschäftigen (Auswahl siehe Literaturtipps).

- Angesichts zunehmender Straßen- und Verkehrsdichte sind viele Amphibien, vor allem die Weitstreckenwanderer unter ihnen (besonders die Erdkröte), negativ betroffen (Abb. 4.1). Es ist jedoch unmöglich alle Amphibien vor dem Straßentod zu bewahren, man muss Präferenzen setzen.
- Vorrangig sollten massive Tierkontingente, die Straßen überqueren wollen, durch Maßnahmen geschützt werden.
- Die effizienteste Form der Vermeidung von Straßentod ist die zeitlich befristete Sperrung einer Straße für den Verkehr nach § 45 der Straßenverkehrsordnung (STVO) über einen Antrag bei der zuständigen Behörde: Gemeinde, (Land-)Kreis, Land, Bund. Diesen Antrag kann grundsätzlich jeder stellen. In der Regel lässt sich diese Maßnahme nur durchführen, wenn eine Ausweichmöglichkeit für die betroffenen Anwohner vorhanden und möglich ist. Diese sollten in die Maßnahme einbezogen und rechtzeitig über die Sperrung informiert werden.

© Springer-Verlag GmbH Deutschland, ein Teil von Springer Nature 2018   21
D. Glandt, *Praxisleitfaden Amphibien- und Reptilienschutz*,
https://doi.org/10.1007/978-3-662-55727-3_4

Abb. 4.1 Viele Amphibien, hier eine Erdkröte, müssen auf ihrer Wanderung zum Laichgewässer Straßen überqueren und werden dabei überfahren. (Foto D. Glandt)

Abb. 4.2 Kurzfristig aufbaubarer Fangzaun zur Vermeidung von Straßentod bei wandernden Amphibien. Der Zaun soll im spitzen Winkel von der Straße wegweisen, damit keine Amphibien darüber klettern können. (Foto B. Bender)

- Eine alternative Form ist der kurzfristige Aufbau eines Fangzaunes kombiniert mit Eimerfallen (Abb. 4.2 und 4.3). Der Abstand zwischen den Fangeimern sollte 30 m nicht überschreiten, da sonst keine effektive seitliche Ablenkung der Tiere erfolgt. Doch können die örtliche Situation und die jeweilige Art eine Abänderung nach unten wie nach oben sinnvoll erscheinen lassen. Die Fangeimer sind in kurzen Zeitabständen (ein- bis zweimal täglich) zu kontrollieren, ggf. zu leeren. Die Helfer sind mit Warnwesten und Warnlampen auszustatten.
- Der Zaun sollte in Anwanderungsrichtung schräg aufgestellt werden, damit keine Amphibien darüber klettern können. Die Zaunbasis sollte entweder in den Boden eingegraben (5 cm) werden (oft nicht möglich, da gehärtete Straßenseitenflächen vorhanden sind) oder dicht über den

Abb. 4.3 In bestimmten Abständen müssen Sammeleimer an der Außenseite des Fangzaunes (weggewandt von der Straße) eingegraben und regelmäßig geleert werden. Angefeuchtetes Moos auf dem Eimerboden soll ein Vertrocknen der Amphibien verhindern, Stöckchen sollen Kleinsäugern ein Entkommen ermöglichen. (Foto B. Bender)

Boden angeschmiegt und mit Niederhaltern fixiert werden, damit ein Unterqueren durch Amphibien verhindert wird.

- Gegen Räuber, die die Eimer plündern, legt man ein Schutzgitter obenauf (Abb. 4.4). Es muss weitmaschig genug sein, damit Amphibien hineinfallen, aber verhindern, dass Iltis und Fuchs, neuerdings auch Waschbären, durch das Gitter greifen können. Das Gitter ist an den Seiten zu beschweren, z. B. mit Steinen, besser mit in den Boden verankerten Krampen.
- Beim Neu- wie auch Umbau, z. B. bei der Erweiterung um eine Fahrspur, überörtlicher Straßen (Autobahnen, Bundesstraßen) sind Kleintierschutzanlagen vorgeschrieben (Abb. 4.5). Im Planfeststellungsbeschluss sollte eine Erfolgskontrolle verankert sein.

Abb. 4.4 Fangeimer an einem Fangzaun mit oben aufgelegtem Gitter. Dieses sollte noch mit Krampen befestigt werden. (Foto D. Glandt)

Abb. 4.5 Ein Stelztunnel, das ist ein Durchlass für Kleintiere, z. B. Amphibien, der nach unten offen ist. **a** Während des Einbaues, **b** danach. (Fotos A. Geiger)

- Über die Substratbeschaffenheit auf dem Boden der Durchlässe lässt sich das Verhalten der Amphibien beeinflussen. Ein naturnaher Untergrund (am besten der gewachsene Boden oder, wenn nicht möglich, eine nachher eingebrachte, bindige Erde, die die Feuchtigkeit speichert) ist besser als Beton.
- Im alten MAmS wie auch im neuen MAQ werden sog. Stelztunnel empfohlen (Abb. 4.5). Es sind Zweiwegsysteme (Exkurs 4.1), die die Wanderungen zum und vom Laichgewässer ermöglichen. Sie sind umgekehrt U-formig, nach unten offen einzubauen. In ihnen können die Kleintiere (Amphibien, Reptilien, Igel etc.) in beide Richtungen wandern.
- Daneben gibt es Durchlässe mit einem Einfallsschacht, die Doppelröhren-Einwegsysteme (Exkurs 4.1). Die hineingefallenen Kleintiere müssen letztlich den Tunnel durchqueren. Zurück können sie nicht. Das bedeutet, dass für Hin- und Rückwanderung zwei getrennte Röhren mit Schächten einzubauen sind. Dies sind speziell für Amphibienwanderungen entwickelte Bauwerke. Der normale Kleintierdurchlass (s. o.) sollte als Zweiwegesystem für alle bodengebundenen Tiergruppen im Vordergrund stehen.
- Im Zuge der Verbesserung der Stelztunnel wurde von Fuhrmann und Tauchert (2010) vorgeschlagen, sie mit glattwandigen Einfallsrohren zu kombinieren. Dieses System wurde in hohem Maße von den Tieren komplett durchwandert (im Einzelfall bis 70 % Durchwanderquote).

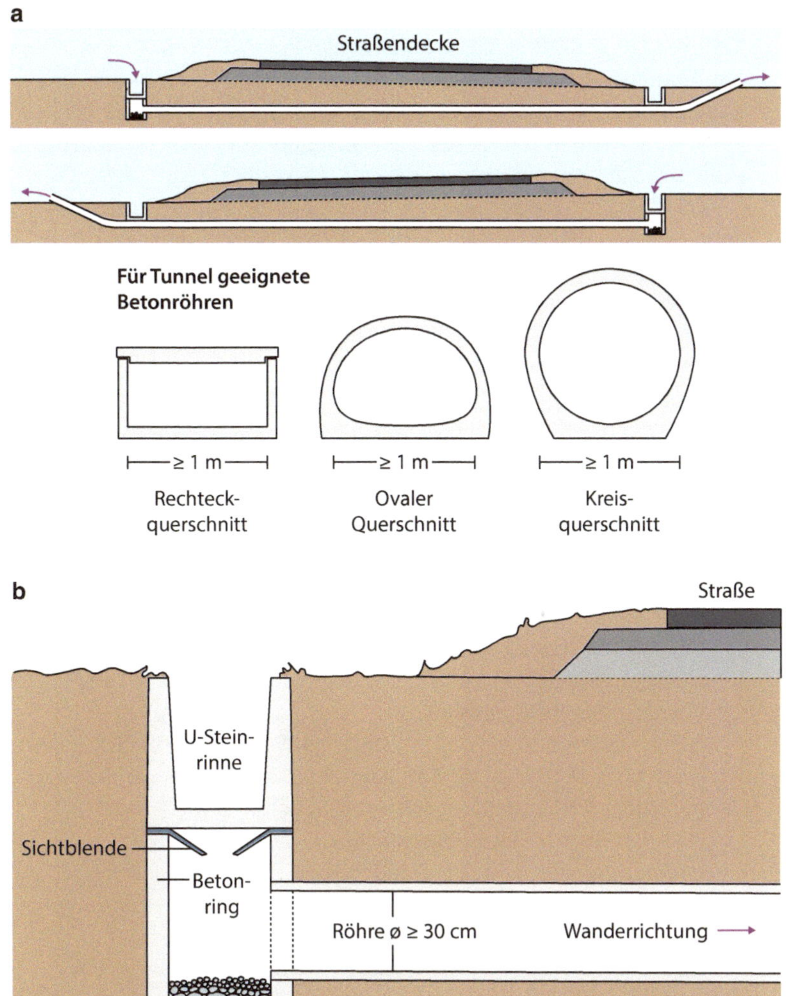

Abb. 4.6 Schnitt durch einen Straßenkörper mit Einweg-Doppelröhrensystemen. In **a** wird die Straße von links nach rechts unterwandert, in **b** von rechts nach links (*siehe Pfeile*). (Nach Thielcke et al. 1983)

Exkurs 4.1 Kleintierdurchlässe für Amphibien
Im Rahmen von Straßenneu- und -umbauten (für Bundes- und Landstraßen vorgeschrieben, für niedigrangigere Straßen ebenfalls wünschenswert!) lassen sich Systeme in den Straßenkörper einbauen, die auf neueren Erfahrungen beruhen (Abb. 4.6). Das „Merkblatt für Amphibienschutz an Straßen (MamS)" wurde überarbeitet, in seiner Konzeption erheblich erweitert und wird nach einem aufwendigen Abstimmungsverfahren als „**M**erkblatt zur **A**nlage von **Q**uerungshilfen für Tiere und zur Vernetzung von Lebensräumen an Straßen (MAQ)" erscheinen (Literaturtipps).

Es gibt zwei Varianten an Durchlässen: Zweiwegsysteme und Doppelröhren-Einwegsysteme.

Zweiwegsysteme

1. Die Durchlässe sind von beiden Seiten durchwanderbar. Durch Leiteinrichtungen, die parallel zur Straße verlaufen, werden die Tiere zu den Durchlässen geleitet. Um die Durchquerung der Durchlässe zu steigern, werden in Verlängerung der Tunnelachse sog. Einweiser angebracht, um ein Vorbeilaufen der Tiere am Tunneleingang zu verhindern.
2. Stelztunnel sind nicht nach oben, zur Straßenoberfläche, sondern nach unten hin offen (Abb. 4.5). Hierdurch werden die natürliche Bodenfeuchte und -wärme genutzt.
3. Auf dem Boden wird ein natürliches, grabfähiges Substrat angeboten, in das sich die wandernden Tiere, z. B. Kröten, bei Bedarf eingraben können.
4. Wichtig ist, dass die Tunnelinnenwände glatt sind und bis ins Substrat hinein verlaufen. Dadurch wird der grabfähige Untergrund in voller Breite genutzt.
5. Eine ausreichende Feuchte (nicht Nässe!) im Tunnelinneren ist neben der Linienführung der Leiteinrichtung sowie der Lage, Richtung und Abmessung der Durchlässe mit entscheidend für die Akzeptanz der Tunnelquerung durch Amphibien.

Doppelröhren-Einwegsysteme

1. Die Durchlässe sind jeweils nur von einer Seite durchwanderbar. Die Tiere werden durch Leiteinrichtungen zu Fallschächten
   mit senkrechten Wänden geleitet, aus denen sie nicht mehr
   hochkommen (Abb. 4.7). Sie müssen durch den Tunnel bis zum
   anderen Ende wandern.
2. Die Durchlässe sind nicht oben zur Straße hin offen, sondern
   geschlossen, im Querschnitt rund (Abb. 4.8 und 4.9) oder kas-
   tenförmig.
3. Auf dem Boden wird kein grabfähiges Substrat angeboten
   (Abb. 4.9).

Abb. 4.7 Einfallsschaft aus glattwandiger senkrechter Kunststoffröhre. Die Betonwand leitet die Tiere in die Öffnung. (Foto J. Niederstrasser)

Abb. 4.8 Ausmündung einer Tunnelröhre des Doppelröhren-Einwegsystems. (Foto J. Niederstrasser)

Abb. 4.9 Runder Querschnitt einer Tunnelröhre mit wandernden Fröschen. Die Röhre enthält kein grabfähiges Substrat, die Tiere wandern auf dem nackten Beton. (Foto J. Niederstrasser)

Abb. 4.10 Im Sommer kommt es oft zur massenhaften Abwanderung junger Kröten und Frösche, im gezeigten Falle entlang einer Betonwand. (Foto J. Niederstrasser)

- Besonders wichtig ist die Berücksichtigung des gesamten landschaftlichen Umfeldes einer Kleintierschutzanlage. Verläuft eine Straße mitten durch einen Wald oder durch eine wenig bewaldete Landschaft? Wo liegen im Falle der Amphibien die Landlebensräume in Bezug auf die Laichgewässer?
- Sinnvoll kann es sein, Ersatzlaichgewässer anzulegen, die längerfristig eine ständige Querung der Straße unnötig machen (Abb. 4.11). Die neuen Laichgewässer sollten mindestens 500 m, besser 1–2 km von vielbefahrenen Straßen entfernt liegen. Ihre Gestaltung sollte abhängig von der jeweiligen Zielart gemacht werden, z. B. für Erdkröte oder Kreuzkröte mit unterschiedlichen Umweltansprüchen.
- Mittlerweile kommen Grünbrücken als Hilfestellung dazu (Abb. 4.12, 4.13 und 4.14). Werden Arten und Lebensräume überführt, sollte der Begriff „Grünbrücke" genutzt werden. Wenn es „nur" um Tiere geht, denen eine gefahrlose Überquerung über Straßen hinweg geboten werden soll, werden sie zukünftig „Faunabrücken" genannt. Die

Abb. 4.11 Bei der Anlage von neuen Kleingewässern, z. B. Ersatzlaichgewässern, ist auf eine amphibienfördernde Gestaltung zu achten. Flache Ufer (vor allem sonnenexponiert) sind wichtig, aber man kann auch an einer Stelle eine Steilwand anlegen. (Foto D. Glandt)

nutzbare Breite kann viel geringer sein als bei traditionellen Grünbrücken, die bis auf 80 m Breite kommen. In den Niederlanden heißen Grünbrücken „Ecoducte".

- Grünbrücken sind aufgeständerte Bauwerke, die über die Straße führen. Sie enthalten einen Bodenkörper, auf ihnen wachsen Pflanzen, und es können auch Laichgewässer für Amphibien angelegt werden, doch sollte man besser das eigentliche Bauwerk frei von Gewässern halten und diese in unmittelbarer Nachbarschaft anlegen (A. Geiger, mdl.).

Die nach oben offene Sicht ermöglicht die ungehinderte Orientierung der Tiere. Eine Absicherung zu den Seiten verhindert, dass sie auf die Straße fallen. Außerdem unterbinden diese Irritationsschutzwände die Blendwirkung und die Geräusche der Straße darunter, die durch den Verkehr entstehen. Die auf die Grün- bzw. Faunabrücken straßenparallel

Abb. 4.12 Grünbrücke („Ecoduct") „Kikbeek" über die E 314 bei Genk, Belgien. Eine im Mittel 60 m breite Grünbrücke (*rechts* sind die Autobahndurchlässe zu sehen, *links* die breite durch Erdwälle begrenzte Überquerung), auf der auch ein Gewässer angelegt wurde, in welchem sich sehr bald Kreuzkröten angesiedelt und fortgepflanzt haben. Außerdem wurden Berg-, Teich- und Fadenmolche sowie Moorfrösche und die Wasserfroschformen in diesem Gewässer nachgewiesen. Dazu kommen an Reptilien Waldeidechse und Schlingnatter. Insgesamt wurde acht Jahre ein Monitoring durchgeführt. (Foto S. Bogaerts)

zuführenden Zäune sollen neben den nach oben reichenden Gitterzäunen nach unten durch Leiteinrichtungen, wie sie bei Amphibienschutzanlagen Verwendung finden, ergänzt werden, damit kleinere bodengebundene Tiere nicht über die Böschungen in Richtung Straße weiter wandern können. Erst durch diese Leitwände werden sie gezwungen über die Brücke zu gehen.

- Es wäre wünschenswert, wenn nach den von Geise et al. (2008) erarbeiteten Methodenstandards zur Akzeptanzkontrolle eine Fallstudie durchgeführt würde. Eine solche gibt es bislang nicht (A. Geiger, mdl.).

Abb. 4.13 Grünbrücke „Groene Woud" (= Grüner Wald) bei Eindhoven/Niederlande über die Autobahn A 2 führend. Hier ist nach siebenjähriger Erfolgskontrolle nachgewiesen, dass nicht weniger als sieben Amphibienarten (Erdkröte, Grasfrosch, Kamm- und Teichmolch sowie die drei Wasserfroschformen) die Brücke nutzen und zur Populationsvernetzung beitragen. (Foto S. Bogaerts)

- Große Amphibienbestände und ihr Lebensraum, einschließlich der Schutzanlagen an Straßen, sollten unter gesetzlichen Schutz gestellt werden. Alle Amphibienarten sind nach der Bundesartenschutzverordnung (BArtschVO) und der FFH-Richtlinie der EU geschützt. Die Schutzanlagen an Straßen sind Bestandteil der Straße und unterliegen der Wartung und Pflege. Die konsequente Umsetzung und die fachliche Kontrolle sind in der Praxis jedoch häufig verbesserungswürdig.

Abb. 4.14 Grünbrücke an der A 7 bei Oberthulba. Zu sehen ist die Absperrung, um ein Hinabfallen von Tieren auf die Straße zu verhindern. (Foto U. Tegethof)

Literaturtipps

Verwendete Literatur

Fuhrmann M, Tauchert J (2010) Annahme von Kleintierdurchlässen – Einfluss der Laufsohlenbeschaffenheit und des Kleinklimas auf die erfolgreiche Durchquerung. Bundesanstalt für Straßenwesen, Bergisch-Gladbach

Geise et al. (2008) Akzeptanzkontrollen für stationäre Amphibien-Durchlassanlagen an Straßen. Vorgaben für eine Methodenstandardisierung. Naturschutz Landschaftsplan 40(8):248–256

Thielcke G, Herrn C-P, Hutter C-P, Schreiber RL (1983) Rettet die Frösche. Pro Natur, Stuttgart

Weiterführende Literatur

Berthoud G, Müller S (1987) Amphibien-Schutzanlagen: Wirksamkeit und Nebeneffekte. Beihefte zu den Veröffentlichungen für Naturschutz und Landschaftspflege in Baden-Württemberg, Bd. 41., S 197–222

Dexel R, Kneitz G (1987) Zur Funktion von Amphibienschutzanlagen im Straßenbereich. Institut für Angewandte Zoologie, Universität Bonn (unveröff.)

Van der Drift E et al (2010) Werkt natuurbrug Groene Woud ook voor amfibieën? De Levende Natuur, Maart 2010:87–93

Forschungsgesellschaft für Straßen- und Verkehrswesen FGSV (Hrsg., in Arbeit) Merkblatt zur Anlage von Querungshilfen für Tiere und zur Vernetzung von Lebensräumen an Straßen (MAQ). Köln

Frey E, Niederstraßer J (2000) Baumaterialien für den Amphibienschutz an Straßen. Landesanstalt für Umweltschutz Baden-Württemberg, Karlsruhe

Glandt D, Schneeweiß N, Geiger A, Kronshage A (Hrsg.) (2003) Beiträge zum Technischen Amphibienschutz. Zeitschrift für Feldherpetologie, Suppl. 2:1–214 (Tagungsbd)

Glitzner I et al (1999) Anlage- und betriebsbedingte Auswirkungen von Straßen auf die Tierwelt. Literaturstudie. Magistratsabteilung 22 (Umweltschutz), Wien

Landesanstalt für Ökologie (LÖLF) NRW (1987) Amphibienschutz in Nordrhein-Westfalen. Schwerpunktheft Amphibienschutz an Straßen in NRW. LÖLF-Mitteilungen, Heft 4. LÖLF, Recklinghausen (Tagungsbd)

Langton TES (Hrsg) (1989) Amphibians and roads. ACO Polymer Products, Shefford, Bedfordshire (Tagungsbd)

Münch D (Hrsg) (1992) StraßenSperrungen. Neue Wege im Amphibienschutz. Dortmunder Vertrieb für Bau- und Planungsliteratur, Dortmund (Tagungsbd)

Oerter K, Kneitz G (1994) Zur Wirksamkeit von Ersatzlaichgewässern für Amphibien beim Bundesfernstraßenbau. Forschung Straßenbau und Straßenverkehrstechnik, Heft 675. Bundesministerium für Verkehr, Abteilung Straßenbau, Bonn-Bad Godesberg, S 1–211

„Schlüsselelemente" – unverzichtbar für den Artenschutz

5

Unter Schlüsselelementen werden hier die für den Artenschutz, speziell Amphibien und Reptilien, bedeutsamen Biotoptypen in Mitteleuropa verstanden. Die große Zahl erfordert eine Klassifizierung.

- Stehende Kleingewässer
  - unterschiedlicher Größe (von wenigen m^2 bis ca. 1 ha, Abb. 5.1),
  - unterschiedlicher Tiefe (von wenigen Zentimetern bis ca. 2 m),
  - unterschiedlicher Wasserführung (temporär, regelmäßig austrocknend, Abb. 5.2; permanent, ganzjährig wasserführend, Abb. 5.1),
  - mit unterschiedlichem Chemismus (z. B. pH-Wert). Saure Heideweiher (Abb. 5.3) sind zu sichern und zu fördern.
- Fließgewässer und ihre Uferbereiche einschließlich Ausbuchtungen (Kolke) oberhalb der Forellenregion (Feuersalamanderlarven). Für Reptilien (Ringelnatter, Zauneidechse) sind auch renaturierte Flüsse im Mittellauf interessant, wie die Ems mit ihren Sandufern.
- Küsten- und Binnendünen
- Strukturreiche Laub- und Mischwälder
- Bruchwälder
- Feuchtgrünlandflächen
- Kleinlichtungen und Schneisen
- breite, gegliederte Waldränder und nährstoffarme Wegränder

© Springer-Verlag GmbH Deutschland, ein Teil von Springer Nature 2018
D. Glandt, *Praxisleitfaden Amphibien- und Reptilienschutz,*
https://doi.org/10.1007/978-3-662-55727-3_5

Abb. 5.1 Typisches Kleingewässer mit Vegetationszonierung. Laichgewässer von Teich-, Berg- und Kammmolchen, Erdkröte, Grasfrosch und den Wasserfroschformen. (Foto D. Glandt)

- Hecken und andere Verbindungselemente
- Bracheflächen
- Almwiesen
- Stein- und Geröllhaufen
- unverfugte Mauern
- Mulchhaufen und Genist

Die Bedeutung für die einzelnen Arten Mitteleuropas sind in Tab. 5.1 und 5.2 zusammengestellt.

Eine weitergehende Charakterisierung der verschiedenen Biotoptypen erfolgt in den Artkapiteln.

Abb. 5.2 Wassergefüllte Wagenspur in einer Abgrabung. Laichgewässer von Kreuzkröte und Gelbbauchunke. (Foto D. Glandt)

Abb. 5.3 Heideweiher (pH-Werte unter 7) liegen auf nährstoffarmem Untergrund und sind umgeben von Heidelandschaft. Diese muss durch Pflegemaßnahmen (von Zeit zu Zeit Entfernung von Gehölzaufwuchs oder Beweidung mit Schafen) gesichert werden. (Foto D. Glandt)

Tab. 5.1 Für mitteleuropäische Amphibien- und Reptilienarten bedeutsame Gewässertypen

1 Fließgewässer	
1.1 Quellen, Quelltöpfe und -tümpel sowie angrenzende Quellbäche	Feuersalamander (Lv) Faden- und Bergmolch (Ei, Lv, Ew) Grasfrosch (Lc, Lv) Ringelnatter
1.2 Gräben und Bäche mit geringer Fließgeschwindigkeit	Faden-, Berg- und Teichmolch (Ei, Lv, Ew) Teichfrosch (Lc, Lv, Hw, Ew) Grasfrosch (Lc, Lv) Italienischer Springfrosch (Lc, Lv) Ringelnatter
1.3 Kleinere Flüsse	Teichfrosch (Hw, Ew) Ringelnatter
1.4 Bachstaue einschließlich Biberteiche	Faden-, Teich- und Bergmolch (Ei, Lv, Ew) Feuersalamander (Lv) Geburtshelferkröte (Lv) Erdkröte (Lc, Lv) Grasfrosch (Lc, Lv, Ew) Teichfrosch (Lc, Lv, Hw, Ew)
1.5 größere Flüsse mit Buchten und Altarmen	Donau-Kammmolch (Ei, Lv, Hw, Ew) Teichfrosch (Lc, Lv, Hw, Ew) Seefrosch (Lc, Lv, Hw, Ew) Italienischer Springfrosch (Lc, Lv) Moorfrosch (Lc, Lv) Erdkröte (Lc, Lv) Europäische Sumpfschildkröte Ringelnatter Würfelnatter
1.6 Kanäle (je nach Grad der Naturnähe)	Teichmolch (Ei, Lv, Ew) Teichfrosch (Lc, Lv, Hw, Ew) Seefrosch (Lc, Lv, Hw, Ew) Ringelnatter
2 Stillgewässer	
2.1 Wassergefüllte Wagenspuren, Pfützen	Feuersalamander (Lv) Berg- und Fadenmolch (Ei, Lv, Ew) Geburtshelferkröte (Lv) Gelbbauchunke (Lc, Lv, Hw, Ew) Kreuzkröte (Lc, Lv) Italienischer Laubfrosch (Lc, Lv) Grasfrosch (Lc, Lv)

Tab. 5.1 (Fortsetzung)

2.2 Tümpel (zeitweilig trockenfallend)	Teich-, Berg- und Fadenmolch (Ei, Lv, Ew) Geburtshelferkröte (Lv) Kreuzkröte (Lc, Lv) Europäischer Laubfrosch (Lc, Lv) Italienischer Laubfrosch (Lc, Lv) Italienischer Springfrosch (Lc, Lv) Grasfrosch (Lc, Lv) Moorfrosch (Lc, Lv)
2.3 Kleinere Weiher und Teiche	Alle Molcharten (Ei, Lv, Ew, bei Arten der Kammmolch-Gruppe auch Hw) Alle Froscharten, Gattungen *Rana*, *Pelophylax* und *Hyla* (Lc, Lv, bei Wasserfröschen auch Hw) Erdkröte (Lc, Lv) Wechselkröte (Lc, Lv) Knoblauchkröte (Lc, Lv) Geburtshelferkröte (Lv) Rotbauchunke (Lc, Lv, Ew) Europäische Sumpfschildkröte Ringelnatter
2.4 Garten- und Schulteiche	Alle Molcharten (Ei, Lv, Ew, bei Arten der Kammmolch-Gruppe auch Hw) Teichfrosch (Lc, Lv, Hw, Ew) Kleiner Wasserfrosch (Lc, Lv, Hw, Ew) Laubfrösche (Lc, Lv) Grasfrosch (Lc, Lv) Erdkröte (Lc, Lv) Ringelnatter
2.5 Große Weiher, große Teiche und Seen	Berg- und Teichmolch (Ei, Lv, Ew) Nördlicher Kammmolch und Alpen-Kammmolch (Ei, Lv, Hw, Ew) Teichfrosch (Lc, Lv, Hw, Ew) Seefrosch (Lc, Lv, Hw, Ew) Erdkröte (Lc, Lv) Laubfrosch (Lc, Lv) Europäische Sumpfschildkröte Ringelnatter

Die Abkürzungen bedeuten: *Ei* Eier, *Lc* Laich, *Lv* Larven, *Hw* Halbwüchsige, *Ew* Erwachsene

Tab. 5.2 Für mitteleuropäische Amphibien- und Reptilienarten bedeutsame Landlebensräume

1 Wälder	
1.1 Naturnahe Laub- und Mischwälder (Abb. 5.4)	Feuersalamander Alle Molcharten Erdkröte Grasfrosch Springfrosch Moorfrosch Waldeidechse Blindschleiche Ringelnatter Schlingnatter Äskulapnatter
1.2 Auwälder	Die meisten einheimischen Arten
1.3 Nadelwälder und -forste	Sehr eingeschränkte Bedeutung für Amphibien, z. B. für Moorfrosch (nur wenn krautiger Unterwuchs vorhanden ist)

Abb. 5.4 Von Buchen dominierter Laubwald. Lebensraum für Feuersalamander, Teich-, Berg- und Nördlichem Kammmolch, Erdkröte und Grasfrosch. (Foto D. Glandt)

Tab. 5.2 (Fortsetzung)

2 Moore	
2.1 Hochmoore (vor allem Randbereiche)	Moorfrosch Waldeidechse Blindschleiche Schlingnatter Kreuzotter
2.2 Niedermoore	Die meisten Amphibienarten Waldeidechse Blindschleiche Ringelnatter
3 Flussmarschen und feuchte Gründlandflächen	Alle Molcharten mit Ausnahme des Fadenmolches Teichfrosch Seefrosch Grasfrosch Moorfrosch Rotbauchunke Laubfrösche Waldeidechse Blindschleiche Ringelnatter
4 Küsten- und Binnendünen, Zwergstrauchheiden (Abb. 5.5)	Kreuzkröte Wechselkröte Knoblauchkröte Moorfrosch Waldeidechse Zauneidechse Kreuzotter
5 Äcker, Brachland (Abb. 5.6)	Kreuzkröte Wechselkröte Knoblauchkröte Moorfrosch Blindschleiche Waldeidechse
6 Abgrabungskomplexe (Steine, Sand, Ton etc.)	Die meisten Amphibienarten Waldeidechse Zauneidechse Blindschleiche Ringelnatter Schlingnatter

Tab. 5.2 (Fortsetzung)

7 Naturnahe Gärten (je nach Lage und Gestaltung)	Die meisten Amphibienarten Waldeidechse Zauneidechse Mauereidechse Blindschleiche Ringelnatter Schlingnatter

Abb. 5.5 Küstendüne an der Nordsee. Lebensraum für Kreuzkröte, Zauneidechse und Kreuzotter (ein Weibchen ist *unten rechts* zu sehen). (Foto S. Meyer)

Abb. 5.6 Bracheflächen können vorübergehend Lebens- und Wanderraum für verschiedene Amphibien und Reptilien darstellen, z. B. für Knoblauch- und Erdkröten,
Grasfrösche, Wasserfrösche, Waldeidechsen und Blindschleichen. **a** Letzte Maisernte,
b Brache ein Jahr nach Nutzungsaufgabe, **c** zwei Jahre danach. (Fotos H. Hartung)

Abb. 5.6 (Fortsetzung)

Literaturtipps

Blab J (1984) Grundlagen des Biotopschutzes für Tiere. Schriftenreihe für Landschaftspflege und Naturschutz, Heft 24. Kilda, Greven

Blab J, Vogel H (2002) Amphibien und Reptilien erkennen und schützen, 3. Aufl. BLV, München

Blab J, Brüggemann P, Sauer H (1991) Tierwelt in der Zivilisationslandschaft. Teil II: Raumeinbindung und Biotopnutzung bei Reptilien und Amphibien im Drachenfelser Ländchen. Kilda, Greven

Fröhlich G, Oertner J, Vogel S (1987) Schützt Lurche und Kriechtiere. Deutscher Landwirtschaftsverlag, Berlin

Glandt D (2014) Heimische Amphibien. Bestimmen – Beobachten – Schützen. AULA, Wiebelsheim (Sonderausgabe)

Glandt D (2016) Amphibien und Reptilien. Herpetologie für Einsteiger. Springer Spektrum, Berlin, Heidelberg

Henle K, Steinicke H, Gruttke H (2004) Verantwortlichkeit Deutschlands für die Erhaltung von Amphibien- und Reptilienarten: Methodendiskussion und 1. Überarbeitung. In: Gruttke H (Hrsg) Ermittlung der Verantwortlichkeit für die Erhaltung mitteleuropäischer Arten. Naturschutz und Biologische Vielfalt, Bd. 8. Bundesamt für Naturschutz, Bonn, S 91–107

Kaule G (1991) Arten- und Biotopschutz, 2. Aufl. Ulmer, Stuttgart

Schutz- und Hilfsmaßnahmen im Siedlungsraum (Dorf und Stadt) {#6}

6

Der Siedlungsraum ist in ständiger Ausbreitung begriffen. „Zersiedelung der freien Landschaft" ist ein kritischer Begriff. Andererseits sind viele neue Lebensräume in den Städten entstanden. Es sind Modifikationen ursprünglicher Biotope. In ihnen „gibt es eine unerwartete Artenfülle an Pflanzen und Tieren" (Tischler 1980). Jedoch ist kennzeichnend, dass bestimmte Arten, die sich besonders gut mit dem Menschen arrangieren konnten, zur Massenvermehrung neigen, andere dagegen verdrängt wurden. Für Amphibien kommt Scoccianti (2001) zu dem Fazit: „Urbane Areale bieten selten geeignete Lebensräume für Amphibien". Für verschiedene Vögel sieht der Autor gute Chancen, aber Amphibien geraten durch die zunehmende Expansion der Städte in isolierte Lagen. Letztlich sterben sie lokal aus. Es kann deshalb im Folgenden nur darum gehen, diese Effekte zu minimieren. Unter den Reptilien sind vor allem Ringelnatter, Mauereidechse (örtlich), Blindschleiche und Waldeidechse negativ betroffen.

Schwierig ist es, im Siedlungsbereich wirksam zu helfen. In der Fläche wird dies kaum möglich sein. Allein die große Zahl an Gullys, Keller- und anderen Einfallsschächten innerhalb einer Stadt stellen ein kaum lösbares Problem dar. Dennoch sollten wenigstens einige Maßnahmen zwecks Minimierung der Mortalität von Amphibien und anderen Kleintieren durchgeführt werden.

© Springer-Verlag GmbH Deutschland, ein Teil von Springer Nature 2018
D. Glandt, *Praxisleitfaden Amphibien- und Reptilienschutz*,
https://doi.org/10.1007/978-3-662-55727-3_6

- Vorhandene Kleingewässer im Siedlungs(rand)bereich sollten in die Umgebung eingebunden werden, wodurch die Biotopvernetzung gefördert wird.
- Maßnahmen gegen den Straßentod. Nur sehr bedingt möglich. In verkehrsarmen Randbereichen temporäre Straßensperrung. Bei massivem Wanderaufkommen Fangzäune in Kombination mit Eimerfallen einsetzen.
- Maßnahmen gegen den Gullytod. Amphibien und andere Kleintiere, die hier reinfallen, kommen allein nicht wieder heraus. Es wurde deshalb eine Konstruktion entwickelt, um das Entweichen zu ermöglichen (Abb. 6.1).

Abb. 6.1 Ausstiegshilfe für Kleintiere, insbesondere Amphibien, aus Gullys. Die in den Gullyschacht gefallenen Tiere können in dem blauen Plastikrohr, welches gerippt ist, nach oben klettern. Hin und wieder muss der angesammelte Schlamm abgesaugt werden. Für die Konstruktion hält der Bildautor Patentschutz. (Foto P. Häfliger)

Abb. 6.2 Ausstiegsmatte für in Gullys oder Kellerschächte gefallene Kleintiere, z. B. Amphibien. Das Weiße ist der Klebeschaum. (Foto Naturwerk)

Abb. 6.3 Ausstiegsmatte an der Wand eines Kellerschachtes. (Foto Naturwerk)

- Oberflächliche Ableitung von Regenwasser, soweit möglich ohne Verrohrung.
- Absenkung der Bordsteinkante auf Höhe der Gullys; wandernde Amphibien halten sich meist eng am Bordstein und können am Gully vorbeiwandern. Auf Höhe von Garageneinfahrten finden sich allerdings auch Absenkungen der Bordsteinkanten. Dann wandern die Tiere u. U. in die Garage.
- Gullyroste mit engem Roststreben-Abstand (1,6 cm) verwenden (hilft aber nicht bei wandernden Jungtieren).
- Gullys mit Ausstiegsrohren für Amphibien versehen; zwecks Vergleich verschiedener Typen siehe www.amphibtec.ch und www.karch.ch.
- Sehr effizient ist das Anbringen einer Ausstiegsmatte, die mittels Klebeschaum befestigt wird (Abb. 6.2 und 6.3). Hieran sind auch Jungtiere in der Lage, wieder herauszuklettern.
- Naturnahe Gestaltung innerstädtischer Grünzonen und Gärten.

Literaturtipps

Verwendete Literatur

Scoccianti C (2001) Amphibia: aspetti di ecologia della conservazione. WWF Toscana. Guido Persichino Grafica, Florenz (Italienisch mit engl. Zusammenfassung jedes Kapitels)

Tischler W (1980) Biologie der Kulturlandschaft. Fischer, Stuttgart

Weiterführende Literatur

Naturwerk (o. J.) naturwerk.info

Koordinationsstelle für Amphibien- und Reptilienschutz in der Schweiz (KARCH) (2013) Amphibienschutz in Entwässerungsanlagen. www.karch.ch

Häfliger P (o. J.) Amphitec. www.amphibtec.ch (info@amphibtec.ch)

Naturnahe Gärten und Gartenteiche – ein Beitrag zum Artenschutz

Gärten umfassen ein weites Spektrum von meist hausnahen Grünflächen. Es gibt steril anmutende Dauerrasen-Mähflächen mit ein paar Büschen oder Hecken, meist als Abgrenzung, z. B. Thujas, andererseits sehr naturnah belassene Gärten. Großstädter weichen oft auf wohnungsferne Gärten (Kleingärten, „Schrebergärten") aus.

Nach dem deutschen Bundeskleingartengesetz gilt:

> Ein Kleingarten soll nicht größer als 400 Quadratmeter sein. Die Belange des Umweltschutzes, des Naturschutzes und der Landschaftspflege sollen bei der Nutzung und Bewirtschaftung des Kleingartens berücksichtigt werden.

Naturnahe, gut gestaltete Gärten können für den Amphibien- und Reptilienschutz sehr hilfreich sein.

Ein ökologischer Gartenbau kann wie folgt charakterisiert werden:

- Gute Anbindung an die freie Landschaft; Gärten im Siedlungsrandbereich, sofern sie nicht von Umgehungsstraßen oder anderen stark frequentierten Straßen flankiert werden, sind besonders geeignet.
- Neben einer Rasenfläche, die dem Erholungsbedürfnis des Eigentümers entspricht, durchaus intensiv gepflegt, sollten „Wildwuchsbereiche", z. B. Hochstaudenflure, geschaffen werden.

© Springer-Verlag GmbH Deutschland, ein Teil von Springer Nature 2018
D. Glandt, *Praxisleitfaden Amphibien- und Reptilienschutz*,
https://doi.org/10.1007/978-3-662-55727-3_7

- Bepflanzung möglichst mit einheimischen Wildpflanzen, in möglichst großer Artenzahl und standortgerecht, doch können auch hier und da fremdländische Gewächse dabei sein (der Schattenwurf ist wichtig).
- Verzicht auf Pestizideinsatz.
- Verzicht auf leicht lösliche, mineralische Düngemittel.
- Verwendung natürlicher, unbehandelter Baumaterialien.
- So wenig wie möglich versiegelte Flächen anlegen.
- Sicherung von Kellerabgängen, Lichtschächten und Gullys, die schnell zu Todesfallen für Kleintiere, z. B. Amphibien, werden.
- Möglichst wenige, schonende Pflegemaßnahmen in Handarbeit durchführen
- Anlage einer Bruchsteinmauer als Tagesversteck und Überwinterungsquartier; diese muss mindestens bis in Frosttiefe (mehr als einen halben Meter) ins Erdreich hinein angelegt werden (Abb. 7.1).

Ein Beitrag zum Artenschutz lässt sich auch mit einem Freilandterrarium leisten, in welchem gefährdete Arten wie die Zauneidechse zwecks späterer Ansiedlung in geeigneten Lebensräumen nachgezüchtet werden (Abb. 7.5). Zu beachten ist, dass bei Prädatoren (Greifvögel, Katzen) eine Drahtabdeckung erfolgt (Abb. 7.6). Auch sind die Ansiedlungsbiotope sorgfältig auszuwählen. Bezüglich der Biotopansprüche wird auf die Artkapitel verwiesen.

Weitere Strukturelemente sind Stein-, Totholz- und Laubhaufen.

- Steingarten mit Unterschlupf, kleinen Sandflächen u. ä. für Eidechsen.
- Randlich den Garten begrenzende Windschutzhecken anlegen.
- Hier und da etwas Totholz auslegen.
- Komposthaufen anlegen, z. B. als Eiablageplätze für die Ringelnatter.
- Anlage eines naturnahen Gartenteiches (Beispiele Abb. 7.2 und 7.3). Bereits kleine, wenige Quadratmeter große Teiche können einen Beitrag zum Artenschutz leisten, z. B. für Gelbbauchunken und Molche (Abb. 7.4). Sofern räumlich möglich, wäre eine Größe von 50–100 m^2 zu empfehlen, bei einer Tiefe von einem halben Meter. Eine Sicherung zum Schutz kleiner Kinder sollte stets erfolgen!

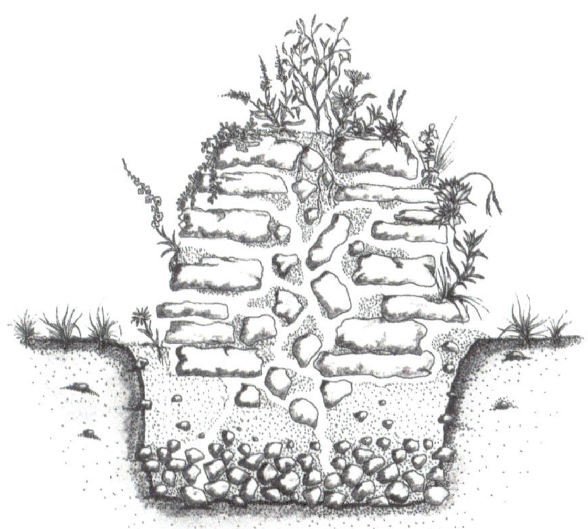

Abb. 7.1 Bruchsteinmauer als Tagesversteck und Winterquartier für Eidechsen, Frösche, Kröten und andere Kleintiere. (Aus Henkel und Schmidt 1998)

Abb. 7.2 Naturnah gestalteter Gartenteich. (Foto S. Meyer)

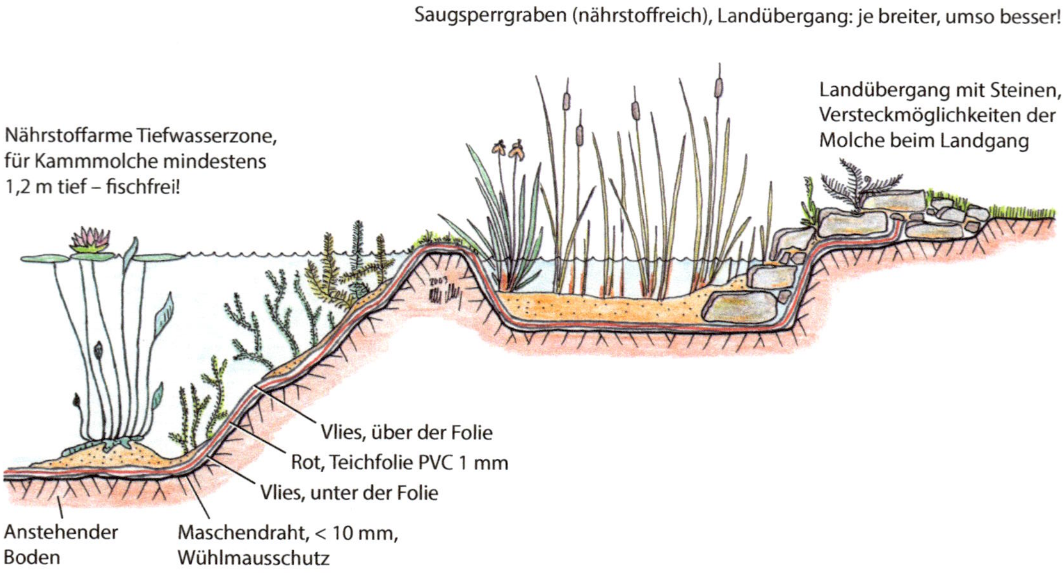

Abb. 7.3 Die Abbildung zeigt einen ökologisch gestalteten Gartenteich für Amphibien, wie etwa Wassermolche. Wichtige Voraussetzungen sind eine gute Abdichtung und naturnahe Strukturelemente, ebenso sind gute Ausstiegsmöglichkeiten hilfreich, z. B. für frisch metamorphosierte Jungtiere. (Zeichnungen: S. Meyer)

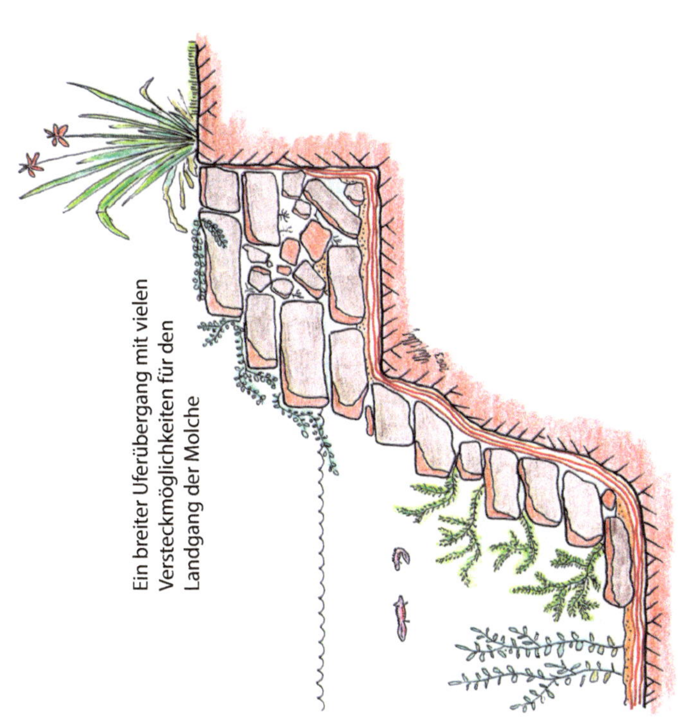

Abb. 7.3 (Fortsetzung)

Abb. 7.4 Auch kleine Gartenteiche können für Amphibien sehr wertvoll sein. Laichgewässer für Gelbbauchunken und Bergmolche. (Foto P. Veenvliet)

Abb. 7.5 Für die Nachzucht gefährdeter Arten, z. B. die Zauneidechse, eignen sich besonders gut naturnah gestaltete Freilandanlagen. Soweit keine Prädatoren drohen (Greifvögel, Katzen), können diese nach oben offen sein. (Foto W. und Y. Lantermann)

Abb. 7.6 Drohen Prädatoren die Reptilien herauszufangen, muss mittels vollständiger Drahtabdeckung für Schutz gesorgt werden. (Foto W. und Y. Lantermann)

Literaturtipps

Verwendete Literatur

Henkel FW, Schmidt W (1998) Gärten als Lebensraum für Frösche und Echsen. Landbuch, Hannover

Weiterführende Literatur

Blab J (1984) Grundlagen des Biotopschutzes für Tiere. Schriftenreihe für Landschaftspflege und Naturschutz, Heft 24. Kilda, Greven

Bundeskleingartengesetz (BKleingG) vom 28. Februar 1983 (BGBl. I S. 210), zuletzt geändert durch Art. 11 des Gesetzes vom 19. 9. 2006 (BGBl. I S. 2146)

Lantermann W, Lantermann Y (2017) Heimische Eidechsen im Freiland und Terrarium. Faszination, Haltung und Schutz. Kleintierverlag Thorsten Geier, Biebertal

v Sanden-Guja W (1967) Mein Teich und der Frosch, 2. Aufl. Landbuch, Hannover

Thomas A (2013) Gärtnern für Tiere. Das Praxisbuch für das ganze Jahr. Haupt, Bern

Neuanlage von Kleingewässern   8

8.1 Allgemeine Zielvorstellungen

Hierüber sollte Klarheit bestehen, bevor eine Detailplanung erstellt wird. Ziele können sein:

- Verdichtung des Kleingewässernetzes (Biotopverbundsystem),
- Förderung selten gewordener Typen von Kleingewässern, z. B. temporärer Gewässer und Waldgewässer,
- Lebensraum für ausgewählte Tier- und Pflanzenarten oder ganze Lebensgemeinschaften schaffen,
- Ausgleichs- oder Ersatzmaßnahmen für Gewässer anlegen, die im Rahmen einer Überplanung verloren gegangen sind.

8.2 Maßnahmen

Wünschenswert wäre die Erstellung eines Gesamtkonzeptes für ein Gemeinde- oder Kreisgebiet, z. B. im Rahmen eines Landschafts- oder Ortsentwicklungsplanes, in welchem neben vorhandenen auch zukünftige Kleingewässerstandorte ausgewiesen werden.

© Springer-Verlag GmbH Deutschland, ein Teil von Springer Nature 2018
D. Glandt, *Praxisleitfaden Amphibien- und Reptilienschutz*,
https://doi.org/10.1007/978-3-662-55727-3_8

Konkrete Maßnahmen, je nach naturräumlicher Situation:

- Sicherung, ggf. Neuanlage eines dichten, naturraumspezifischen Gewässernetzes, z. B. Gräben, Bäche, Nassstellen in mäßig genutzten Wiesen und Weiden, Auen- und Bruchwäldern sowie Niedermooren.
- Sicherung besonders gefährdeter Gewässertypen, z. B. nährstoffarmer Heidegewässer sowie nährstoffreicher Altwässer in den Flussniederungen.
- Bewahrung kulturgeschichtlich bedeutsamer Gewässertypen in Zusammenarbeit mit dem Denkmalschutz, z. B. aufgegebene Bergbaustauteiche, alte Dorfteiche, Fischteiche.
- Naturnahe Gestaltung und Pflege von Regenrückhaltebecken.
- Naturnahe Gestaltung und Pflege von Gartenteichen.
- Darauf zu achten ist, dass bei Neuanlagen keine anderen wertvollen Biotope beeinträchtigt oder vernichtet werden. Eine wertvolle Orchideenwiese scheidet als Standort für die Anlage neuer Kleingewässer aus! Auch schutzwürdige Böden können negativ betroffen sein.
- Die Durchgängigkeit von Fließgewässern sollte nicht beeinträchtigt werden. Insofern sind allenfalls im Nebenschluss ruhige Buchten zu schaffen, in denen Amphibien ablaichen können.

8.3 Standortvoraussetzungen

8.3.1 Lage und Umfeld

Die Entwicklung eines neu angelegten Kleingewässers wird erheblich durch die Lage in der Landschaft geprägt. Es ist ein großer Unterschied, ob es in einem Wald, auf einem Acker, in einer Grünlandfläche oder in Übergangsbereichen angelegt wird. Viele Kleingewässer wurden außerhalb von Wäldern angelegt. Neue Waldgewässer (Abb. 8.1) wären jedoch ebenfalls erforderlich.

Ein Teil neuer Gewässer sollte im Schnittpunkt verschiedener Landschaftselemente angelegt werden, z. B. an der Schnittstelle von Wald, Wiese und Acker. Auf unbefestigten Wegen können durch Fahrspuren, Senken und Ableitungen von Regenwasser wertvolle temporäre Kleinstgewässer geschaffen werden.

Abb. 8.1 Typisches Waldgewässer im Tiefland, im Frühjahr vor der Belaubung. (Foto D. Glandt)

Abb. 8.2 Artenreicher Kleinweiher auf der dänischen Insel Seeland. (Foto H. Bringsøe)

Auf neue Gewässer innerhalb bebauter Gebiete sollte verzichtet werden. Zu schnell werden diese vermüllt, als „Hundeklo" missbraucht oder dienen Kindern als Spielplätze.

Ausgleichsgewässer werden häufig in der Nähe des Eingriffes, z. B. neben vielbefahrenen Straßen (Autobahnen, Bundesstraßen) angelegt. Dies lockt schnell Amphibien an, deren Jungtiere beim Ausschwärmen die Straßen überqueren und massenhaft überfahren werden.

8.3.2 Untergrund

- Am besten ist eine naturgegebene wasserstauende Schicht. Der Einbau künstlicher Abdichtungen (Folien) in der freien Landschaft sollte auf Sonderfälle beschränkt bleiben, die zudem bald perforiert werden könnten. Haltbarer wären Bentonit oder Dernoton (Infos im Internet).
- Wird eine ganzjährige Wasserführung angestrebt, sollte vorher durch Bohrungen die Lage des Grundwasserhorizontes ermittelt werden. Die Mächtigkeit der wasserstauenden Schicht und ihre Lage im Bohrprofil sind zu ermitteln.
- In sandgeprägten Landschaften reicht eine Lehmschicht von wenigen Dezimetern Dicke. Es ist aber darauf zu achten, dass die Schicht bei den Aushubarbeiten nicht durchstoßen wird, da sonst die Wasserhaltung nicht gewährleistet ist.
- Werden temporäre Gewässer geplant, reicht eine oberflächennahe wasserstauende Schicht. Sie werden nur durch Niederschlagswasser gespeist. Die sommerliche Verdunstung soll das gewünschte Austrocknen bewirken.
- Die Substratbeschaffenheit des Untergrundes und dessen physikalisch-chemische Eigenschaften (z. B. pH-Wert) haben großen Einfluss auf die Entwicklung eines Gewässers. Entsprechende Voruntersuchungen sind deshalb zu empfehlen.

Exkurs 8.1 Stillgewässertypen Mitteleuropas (nach Pardey und Tenbergen 2005, und Glandt 2006)

Kriterien: Größe, Tiefe, Wasserführung

Seen = Tiefe Stillgewässer (ab etwa 5–6 m Tiefe)

Tümpel = kleineres, flaches, temporäres Gewässer, regelmäßig austrocknend, Wasserstand nicht regulierbar; auch die Blänken gehören hierzu.

Teich = größeres, tieferes Gewässer, Wasserstand regulierbar (ablassbar)

Weiher = großes, flacheres Gewässer mit ständiger Wasserführung

„Kleinweiher" = kleines, flacheres Gewässer mit ständiger Wasserführung (Abb. 8.2)

Die Kleingewässer des Naturschutzes sind Tümpel, kleiner Teich und Kleinweiher. Die Obergrenze ist fließend und wird meist bei einem Hektar angesetzt. Dazu kommen Bachstaue bzw. Bachausbuchtungen (Kolke). Weitere Kriterien sind möglich, z. B. nach der Herkunft des Wassers (Grundwasser, Regenwasser, Quellwasser, Überschwemmungswasser) und dem Ausmaß der Besonnung/Beschattung (voll sonnenexponiert, halbschattig, völlig beschattet). Als „Blänken" werden flache, meist von Regenwasser gespeiste Gewässer bezeichnet.

Kriterien: Wasserchemismus, Produktivität

Nährstoffarm = oligotroph

Mäßig nährstoffreich = mesotroph

Nährstoffreich = eutroph

Übermäßig nährstoffversorgt = poly- oder hypertroph

Weitere Unterteilungen sind möglich, z. B. nach den pH-Werten (saure, neutrale, alkalische Gewässer). In diesem Zusammenhang bedeutsam sind die dystrophen Gewässer. Dies sind saure Hochmoorgewässer und Heideweiher.

Eine weitere Unterteilung ist möglich nach der Entstehung und historischen Nutzung, z. B. Feuerlöschteich, Dorfteich, Mühlteich, Flachsteich, Quellteich, Regenrückhaltebecken, Sölle, Erdfallsee usw. Diese sind häufig regional beschränkt und geologisch bedingt. Eingehender siehe hierzu Küster (1999).

Für den Naturschutz anzustreben ist eine Mischung aus oligo- bis eutrophen Gewässern, ergänzt um dystrophe. Poly- bzw. hypertrophe Gewässer sollten saniert werden.

8.3.3 Gestaltung

- In Hinblick auf Größe und Gestalt neu anzulegender Kleingewässer sollte angestrebt werden, innerhalb eines engeren Gebietes verschiedene Kleingewässer unterschiedlich zu strukturieren und dabei eine Mischung aus Größen zwischen 10 und 10.000 m^2 zu verwirklichen. Neben tieferen Gewässern mit ganzjähriger Wasserführung sollten auch flache angelegt werden, um eine temporäre Wasserführung zu erzielen.
- Ein „Standardgewässer" gibt es nicht. Eine allgemeine Empfehlung zum Profil könnte wie folgt aussehen: Ein Teil der Uferzone läuft flach aus. Daran schließt eine Tiefenzone an, die mit einem steilen Ufer endet. Hierdurch wird eine Vegetationszonierung ermöglicht. Außerdem verbleibt auch in trockenen Sommern in der Tiefenzone Wasser (sofern Grundwasser ansteht).
- Auf keinen Fall sollten alle Gewässer gleich aussehen. Die Vielfalt der Gewässertypen innerhalb eines Gebietes ist ausschlaggebend (Typologie siehe Exkurs 8.1). Nur so kann einer größeren Zahl an Tier- und Pflanzenarten, auch verschiedener Amphibien und Reptilien, geholfen werden.

- Bei geeigneten Geländevoraussetzungen lassen sich auch teilweise Steilufer anliegen. Sie erfüllen wichtige Ergänzungsfunktionen. So baut die Uferschwalbe ihre Brutröhren gerne in solche Uferwände.
- In Aufsicht betrachtet, können verschiedene Umrisse realisiert werden. Beispiele bringt die Abb. 8.4. Der Umriss muss nicht phantasievoll geschwungen sein, auch kreisrunde Gewässer können große Bedeutung erlangen.
- Von der Anlage mittig liegender Inseln sollte in flachen Gewässern abgesehen werden, da diese den Verlandungsprozess beschleunigen, vor allem bei nährstoffreichen Verhältnissen.

8.3.4   Technische Realisierung

Das Gewässer mit Tiefenzone wird mit einem Bagger ausgehoben. Temporäre, flache Gewässer erhält man durch Abschieben der Bodenoberfläche. Kleine und kleinste Gewässer werden am besten in Handarbeit mit Schaufeln und Spaten angelegt. Wassergefüllte Wagenspuren werden durch Festfahren mit einem Fahrzeug geschaffen. Wichtig ist die gute Verdichtung des Untergrundes. Bei Zuwachsen ist ebenfalls mit schwerem Fahrzeug zu arbeiten, nicht baggern, da die Abdichtung hierdurch leicht zerstört wird. Schaffung von Spurrinnen in Ackergebieten zur Förderung z. B. von Kreuz- und Wechselkröte sowie im Wald, wovon Berg- und Fadenmolch profitieren.

Exkurs 8.2 Gestaltungstipps für Amphibiengewässer

Grundsatz: Nicht versuchen, an einem Gewässer alle Strukturen zu realisieren, sondern an mehreren, unterschiedlich zu gestaltenden Gewässern. Diese sollten in einem Verbund angelegt werden.

Größe: Innerhalb eines engeren Gebietes, z. B. einer Gemeinde, sollte eine Mischung von stehenden Gewässern zwischen 10 und 10.000 m^2 Wasseroberfläche angestrebt werden.

Tiefe: Eine Mischung aus Gewässern mit Tiefen zwischen 20–40 cm und bis zu 1,50 m sollte angestrebt werden. Die Tiefe sollte sich nach der Größe richten: Kleine Gewässer nur flach (20–30 cm Tiefe) anlegen; Gewässer mit 1 m und mehr an Tiefe sollten mindestens 200 m^2 Wasseroberfläche aufweisen.

Ufer: Mindestens die halbe Uferlänge sollte flach angelegt werden. Dieser Uferabschnitt sollte sonnenexponiert liegen. Wünschenswert wäre, wenn der Rest etwas steiler angelegt würde. An einzelnen Gewässern könnte ein Teil (1/3 bis 1/2 der Uferlänge) steile Wände (z. B. für Uferschwalbe, Eisvogel, bestimmte Insekten) aufweisen, sofern das geologische Ausgangsmaterial bindig bzw. stabil genug ist.

Achtung: Bei Schul- und anderen Lehrgewässern von steilen Ufern absehen wegen der Gefahr von Stürzen oder Abrutschen der zu Beschulenden!

Querschnitt: Bei den tieferen Gewässern soll sich an eine flache Uferzone eine zentrale Tiefenzone anschließen. Dieser Stockwerkbau ermöglicht die Entwicklung einer Vegetationszonierung (Sumpfpflanzen am Ufer, Schwimm- und Tauchpflanzen im Zentrum, Abb. 8.3).

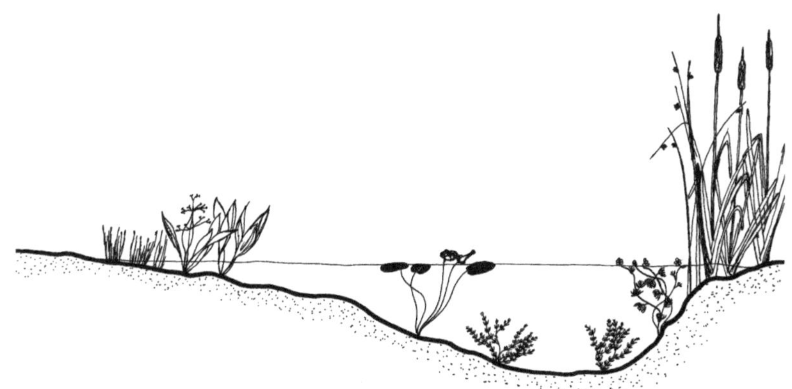

Abb. 8.3 Schnitt durch ein nährstoffreiches Kleingewässer mit Flachufer und zentralem Tiefenteil. (Aus Althoff und Glandt 1991)

Umriss: Die Gewässer können rundlich, eiförmig, hantelförmig oder wie auch immer gestaltet sein (Abb. 8.4). Eine vielgestaltige Uferlinie ist vorteilhaft, aber nicht zwingend.

Inseln: Auf die Anlage von Inseln soll bei kleineren Gewässern verzichtet werden, da sie den Verlandungsprozess beschleunigen.

Bepflanzung: Auf eine Bepflanzung ist möglichst zu verzichten. Eine standortgerechte Vegetation stellt sich meist innerhalb weniger Jahre von allein ein (Abb. 8.5).

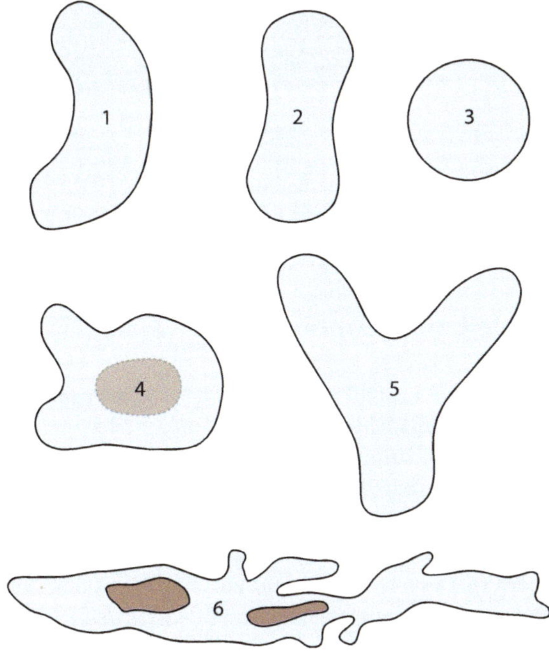

Abb. 8.4 Verschiedene Möglichkeiten der Gestaltung von Kleingewässern in Aufsicht. (Nach Glandt 2006)

Abb. 8.5 Neu angelegtes Kleingewässer im ersten und in den folgenden Jahren. **a** 1981, **b** 1982, **c** 1983, **d** 1984. Die Vegetation hat sich fast ausnahmslos von allein eingestellt. Gleiches gilt für die Amphibien, z. B. Teichmolche, Gras- und Wasserfrösche. Hinzu kamen zahlreiche Insektenarten wie Libellen, Wasserkäfer und -wanzen. (Fotos D. Glandt)

8.3.5 Verbleib des Aushubs

Bei der Neuanlage vor allem etwas tieferer Gewässer fällt eine beträchtliche Menge an Bodenaushub an. Sofern von unbelasteten Böden ausgegangen werden kann, sollten diese in Abstimmung mit einem Landwirt auf einem Acker eingearbeitet werden. In Ballungsgebieten muss jedoch von kontaminierten Böden (Schwermetalle, organische Schadstoffe) ausgegangen werden. Voruntersuchungen sollten dies abklären. Die Schlussfolgerung kann sein: Verzicht auf eine Neuanlage oder Verbleib des Aushubs mit Sicherheitsabstand von 30–50 m zum neuen Gewässer.

8.4 Ansiedeln und Ansalben?

Zu gerne neigt man dazu, in neu angelegten Gewässern Tiere einzusetzen oder Pflanzen anzusalben. Das „ach so kahle Gewässer" soll möglichst rasch „nach was aussehen". Von Ausnahmefällen abgesehen sollte hierauf aber verzichtet werden. Aus folgenden Gründen:

- Oft werden gebietsfremde Arten ausgebracht, die nicht in die eigene Region gehören (Floren- und Faunenverfälschung), wobei fremdes Erbgut von weither mitgebracht wird.
- Die Entnahme von Pflanzen und Tieren kann die Herkunftspopulationen schwächen.
- Unter gegebenen Umweltbedingungen stellt sich in den neuen Gewässern die hierhin gehörende Lebewelt innerhalb weniger Jahre von allein ein (Abb. 8.5). Mit zunehmender Artenzahl spielen dabei biologische Interaktionen (Räuber-Beute-Prozesse, Konkurrenz) eine Rolle.
- Das Ansalben hochwüchsiger Pflanzen beschleunigt die Verlandung flacher Stillgewässer und macht schon früh Pflegemaßnahmen erforderlich.
- Junge Entwicklungsstadien werden übersprungen. Arten vegetationsarmer Pionierflächen haben keine Chance sich zu entwickeln.
- Schließlich gibt es ein naturschutzpolitisches Argument gegen An- und Umsiedlungen. Wenn bei allen Eingriffen in den Naturhaushalt von vornherein Umpflanzungen und Umsiedlungen mit einkalkuliert werden, kann man keine Argumente mehr gegen die Zerstörung der Landschaft ins Feld führen. Umsiedlungen und Ansalbungen erhalten den Charakter einer Alibifunktion bei Biotopzerstörungen.

Literaturtipps

Althoff G-H, Glandt D (1991) Kleingewässerprojekt. Faltblatt. Biologisches Institut Metelen e. V., Metelen

Berger G, Pfeffer H, Kalettka T (Hrsg) (2011) Amphibienschutz in kleingewässerreichen Ackergebieten. Natur und Text, Rangsdorf

Glandt D (Hrsg) (1993) Mitteleuropäische Kleingewässer. Ökologie, Schutz, Management. Metelener Schriftenreihe für Naturschutz, Heft 4. Selbstverlag des Biologischen Instituts Metelen e. V., Metelen (Tagungsbd)

Glandt D (2006) Praktische Kleingewässerkunde. Zeitschrift für Feldherpetologie, Suppl. 9:1–200

Joger U (2000) Wassergefüllte Wagenspuren auf Forstwegen. Synökologische Untersuchungen an einem kurzlebigen Ökosystem. Edition Chimaira, Frankfurt/M

Küster H (1999) Geschichte der Landschaft in Mitteleuropa. Von der Eiszeit bis zur Gegenwart. C. H. Beck, München

Pardey A, Tenbergen B (Hrsg) (2005) Kleingewässer in Nordrhein-Westfalen. Beiträge zur Kulturgeschichte, Ökologie, Flora und Fauna stehender Gewässer. Abhandlungen aus dem Westfälischen Museum für Naturkunde, 67 (3). Westfälisches Museum für Naturkunde, Münster

Schmidt BR, Zumbach S, Tobler U, Lippuner M (2015) Amphibien brauchen temporäre Gewässer. Zeitschrift für Feldherpetologie 22:137–150

Pflegemaßnahmen an kleinen Stillgewässern

9.1 Zielsetzungen

Grundsätzlich könnte man Kleingewässer sich selbst überlassen, d. h. keine Pflegemaßnahmen durchführen. Je nach Nährstoffsituation führt dies früher oder später zum Zuwachsen und Verlanden, am schnellsten bei Nährstoffreichtum. Rechtzeitig müssten dann neue Gewässer in der Nachbarschaft geschaffen werden, sodass Organismen in die neuen Lebensräume überwechseln könnten.

Entscheidet man sich jedoch für Pflegemaßnahmen, ist zunächst die Zielsetzung zu definieren. Solche Ziele können sein:

- In Anlehnung an die frühere Nutzung ehemaliger, mittlerweile aufgegebener Feuerlöschteiche oder Weidetümpel bietet sich eine regelmäßige Reinigung an. So wird einer Verschlammung frühzeitig vorgebeugt.
- Bei stärker vorangeschrittener Verschlammung und raschem Zuwachsen ist eine aufwendigere Entkrautung und Entschlammung erforderlich.
- Schwierig kann der Schutz spezieller Arten (Zielarten) oder bestimmter Entwicklungsstadien sein, weil immer wieder eingegriffen werden muss.

© Springer-Verlag GmbH Deutschland, ein Teil von Springer Nature 2018
D. Glandt, *Praxisleitfaden Amphibien- und Reptilienschutz*,
https://doi.org/10.1007/978-3-662-55727-3_9

Sodann ist die Vorgehensweise abzuklären, am besten durch Aufstellen eines Pflege- und Entwicklungsplans (PEPL). Im Einzelnen gehören hierzu:

- Festlegung der einzelnen Maßnahmen sowie der Zeitpunkte/Zeitabschnitte für deren Durchführung,
- Gehölzentfernung, Röhrichtbeschneidung oder -entfernung (einschließlich der Erdsprosse = Rhizome),
- Entkrautung,
- Oberbodenabschiebung,
- Entschlammung; Bestimmung des Umfangs der Maßnahme, z. B. Teil- oder Totalentschlammung,
- Beweidung; Festlegen der Beweidungsintensität (Viehdichte, Dauer der Beweidung, Komplett- oder Teilzugang des Weideviehs zum Gewässer),
- Organisatorische und technische Durchführung der Maßnahmen. Hierzu gehört auch die Klärung des Verbleibs von Mähgut und Aushub,
- Kalkulation des Finanzbedarfs. Rechtzeitige Beantragung der Finanzmittel. Die Bewilligung kann sich über Monate hinziehen,
- Rechtzeitige Beantragung etwaiger Ausnahmegenehmigungen bei der zuständigen Naturschutzbehörde. Die Erteilung solcher Genehmigungen kann sich ebenfalls über Monate hinziehen.

9.2 Welche Strategie?

Am Beispiel nährstoffreicher (eutropher) Kleingewässer wurden von Mierwald (1993) fünf Entwicklungsstadien definiert: Pionierstadium, Laichkrautstadium, Röhricht- und Flutrasenstadium, Gebüschstadium, verlandetes Gewässer (Abb. 9.1). Für jedes Stadium wurden verschiedene Pflegemaßnahmen vorgeschlagen, ohne eines zu bevorzugen. Vielmehr wurde eine Mischung verschiedener Stadien in einer Region empfohlen.

Eine andere Möglichkeit ist ein als „Rotationsprinzip" bezeichnetes Vorgehen (Abb. 9.2). Wenn mehrere Gewässer in einem engeren Gebiet vorhanden sind, werden an den einzelnen Gewässern zu unterschiedli-

Abb. 9.1 Verschiedene Entwicklungsstadien eines Kleingewässers. **a** Pionierstadium, **b** Laichkrautstadium, **c** Röhrichtstadium, **d** Gebüschstadium. (Aus Mierwald 1993)

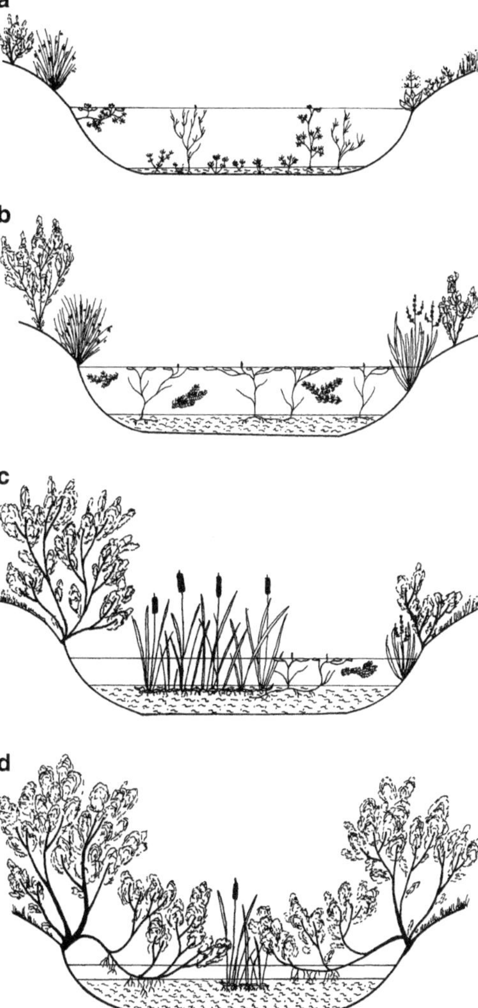

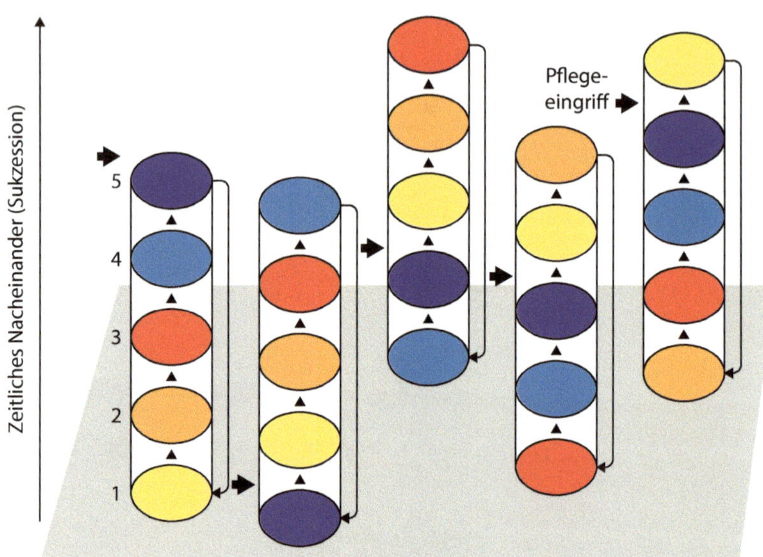

Abb. 9.2 Pflege eines Kleingewässerkomplexes nach dem Rotationsprinzip. Die *Säulen* zeigen fünf Kleingewässer in fünf Entwicklungsstadien innerhalb eines engeren Gebietes. Die *dicken Pfeile* geben jeweils den Zeitpunkt der Pflegemaßnahme an. (Verändert nach Wildermuth und Schiess 1983)

chen Zeitpunkten Pflegemaßnahmen durchgeführt. Hierdurch wird erreicht, dass zeitgleich verschiedene Entwicklungsstadien angeboten werden, zwischen denen die verschiedenen Arten auswählen können.

In bestimmten Fällen ist es eine Frage der Zahl an Kleingewässern, die nicht alle gepflegt werden können. In großen Abgrabungskomplexen, z. B. im mitteldeutschen Revier des Braunkohletagebaues, gibt es eine unnatürlich hohe Dichte kleiner und kleinster Stillgewässer. Deren Pflege ist nicht zu leisten und auch nicht finanzierbar. Deshalb wurde eine Auswahl an Gewässern zur Pflege vorgeschlagen, um Kreuz-, Wechsel- und Knoblauchkröte zu fördern.

9.3 Einzelmaßnahmen

- Bei zu starkem Schattenwurf sollten Gehölze ausgelichtet werden, jedoch nicht zur Brutzeit der Vögel, sondern im Herbst/Winter! Waldgewässer sind hiervon in der Regel auszunehmen.
- Röhrichtentfernung an Gewässern außerhalb der Wälder. Vor allem an Gewässern mit Breitblättrigem Rohrkolben kann es geboten sein, Röhricht zu entfernen. Zu prüfen ist, ob die Röhrichtzone als Brutraum für gefährdete Vögel dient. Ein Kompromiss ist die Entfernung eines Teils des Röhrichts, das außerhalb der Brutzeit bis unter die Wasseroberfläche abgeschnitten wird. Hierdurch läuft das Durchlüftungsgewebe (Aerenchym) voll Wasser und stirbt ab.
- Abschiebung des Oberbodens an sonnenexponierten Nordufern (Abb. 9.3).

Abb. 9.3 Großflächig an einem flachen Kleingewässer abgeschobener Oberboden. Im *Vordergrund* liegt die sonnenexponierte Nordseite, im *Hintergrund* (Südseite) ein Waldsaum. (Foto D. Glandt)

- Entkrautung: Bei starker Verkrautung eines Gewässers kann die Entfernung zumindest eines Teils der Unterwasservegetation sinnvoll sein. Für viele Tiere ist diese Maßnahme allerdings ein starker Eingriff, da die Vegetation einen wichtigen Lebensraum für Kleintiere, z. B. als Versteckplatz, darstellt. Die mit Harken oder Rechen herauszuholende Vegetation sollte deshalb zunächst einige Tage locker ufernah gelagert werden, damit die Tiere, die aus dem Gewässer mit herausgeholt wurden, von selbst wieder ins Gewässer zurückkehren können. Danach sollte das Räumgut einer Kompostierung zugeführt, auf keinen Fall aber im Gewässerumfeld „entsorgt" werden.
- Mahd: Kann im Umfeld eines Gewässers sinnvoll sein, stellt aber einen plötzlichen Eingriff durch Änderung des Mikroklimas dar. Sie ist deshalb in Zeiten durchzuführen, in denen keine Amphibien, z. B. Metamorphoslinge, ausschwärmen. Keine Kreiselmäher einsetzen, tierschonender sind Balkenmäher. Tierverluste wird es allerdings immer geben. In einer Studie (Oppermann und Krismann 2001) waren die Verluste an Fröschen (Moor- und Grasfrosch) beim Einsatz von Kreisel- oder Scheibenmäher doppelt so hoch wie bei Einsatz von Messerbalken.
- Beweidung: Eine Alternative zur Mahd könnte die Beweidung, z. B. mittels Rindern, sein. Da Weidetiere jedoch selektiv fressen, z. B. Disteln aussparen, kann es zur „Verdistelung" kommen. Das erfordert in regelmäßigen Zeitabständen Pflegeschnitte. Die Viehart, deren Dichte und die Nährstoffvorräte im Boden sind wichtige Einflussgrößen der Verdistelung.
- Im Gewässer selbst sollte eine Beweidung nur teilweise zugelassen werden. Verbiss und Trittbelastung können sehr stark sein. Durch die Abgrenzung bestimmter Uferpartien mittels Stacheldraht lassen sich die gewünschten Uferpartien festlegen und deren Beweidungsintensität steuern.
- Auf keinen Fall sollte eine Ganzjahresbeweidung zugelassen werden. Die Flächen, die heute in Mitteleuropa im Einzelfall zur Verfügung stehen (20–30 ha), sind zu klein dafür, die Gewässer und ihre Ufer zu empfindlich. Auf die Diskussionen hierzu in Bunzel-Drüke et al. (2015) sei verwiesen. Denkbar wäre ein Beweidungsmuster nach dem „Rotationsprinzip" (s. o.).

- Entrümpelung: Im Siedlungsbereich werden Kleingewässer häufig vermüllt. Dem lässt sich meist nur mit Entrümplungsaktionen gegensteuern. Zusätzlich wäre die Einzäunung des Gewässers wünschenswert. Die entfernten Müllteile sollten vor der Entsorgung auf Kleintiere kontrolliert werden. Viele Müllteile (z. B. alte Autoreifen) sind beliebte Versteckplätze, z. B. für Grasfrösche!
- Abfischen: Besonders schwierig wird die Situation für Amphibien und ihre Larven, wenn Fische in ein kleines Stehgewässer eingesetzt wurden. Vor allem Sonnenbarsche, Goldfische sowie Karauschen fressen Laich und Larven weg und können den Amphibienbestand dezimieren oder zum Erlöschen bringen. Durch Abfischaktionen lassen sich zwar viele Fische entfernen, es bleiben aber immer einige zurück und vermehren sich erneut. Nur durch Leerpumpen oder zeitweiliges Trockenlegen eines Gewässers lassen sie sich komplett entfernen. Eine Wiederbesiedlung wird man aber längerfristig damit nicht verhindern. Abfischaktionen sollten unter Einbeziehung örtlicher Angelsportvereine erfolgen. Die Fische sind in geeignete Ersatzgewässer zu verbringen.
- Rotwangen-Schmuckschildkröten werden ebenfalls häufig ausgesetzt. Sie stellen eine zusätzliche Gefahr für Amphibienlarven dar. Ein Wegfangen wäre wünschenswert. Die Tiere müssten dann in Zoos gebracht werden, die sie allerdings nicht gerne aufnehmen, da sie häufig schon viele davon besitzen. Eine Alternative wäre die schmerzfreie Abtötung der Tiere (s. Kap. 21).
- Kalken oder Mergeln: Dies wird für kalkarme, versauerungsanfällige Gewässer praktiziert, vor allem in den Niederlanden, oft aber auch abgelehnt. In der Regel sollte hierauf verzichtet werden. In Sonderfällen kann dies sinnvoll sein, es sollten hierbei aber erfahrene Spezialisten eingebunden werden.
- Entschlammung: Diese stellt die gravierendste Maßnahme dar. Sie sollte deshalb nur in besonderen Fällen vorgenommen werden, z. B. bei starker Faulschlammbildung mit regelmäßigem Sauerstoffschwund in den Sommermonaten. Hierzu muss ein Bagger eingesetzt werden (Abb. 9.4).
- Anlage von Pufferzonen: Vor allem bei Gewässern, die direkt in Äckern liegen, sollten breite ungenutzte Pufferzonen ausgewiesen

Abb. 9.4 **a** Zugewachsenes nährstoffreiches Kleingewässer (Röhrichtstadium), das einer raschen Verlandung entgegengeht. Deshalb wurde eine Entkrautung und Entschlammung durchgeführt (**b**). (Fotos D. Glandt)

werden, die einen gewissen Schutz vor Nährstoff- und Pestizideintrag darstellen (je breiter, desto besser, mindestens aber 20–30 m).

- Eine besondere Vorgehensweise erfordern nährstoffarme (oligotrophe) Gewässer, z. B. Heideweiher (s. Vahle 1990). Große Bedeutung hat hierbei die Wirkung des Windes. An den windexponierten Ufern wird ein Wellengang erzeugt, der eine Schlammsedimentation verhindert. Heideweiher sollten deshalb teilweise von Ufergehölzen freigehalten werden. Stattdessen wird die Förderung von Zwergsträuchern (Besen- und Glockenheide) in ufernahen Bereichen empfohlen.

Literaturtipps

Verwendete Literatur

Bunzel-Drüke M et al (2015) Naturnahe Beweidung und NATURA 2000. Ganzjahresbeweidung im Management von Lebensraumtypen und Arten im europäischen Schutzgebietssystem NATURA 2000. Heinz-Sielmann-Stiftung, Duderstadt

Mierwald U (1993) Kleingewässertypen und Verlandungsstadien als Grundlage für ein gebietsbezogenes Schutzkonzept. Beispiele aus Schleswig-Holstein. Meteleer Schriftenreihe für Naturschutz, Heft 4:107–113

Oppermann R, Krismann A (2001) Naturverträgliche Mähtechnik und Populationssicherung. BfN-Skripten 54. Bundesamt für Naturschutz, Bonn

Vahle H-C (1990) Grundlagen zum Schutz der Vegetation oligotropher Stillgewässer in Nordwestdeutschland. Naturschutz und Landschaftspflege in Niedersachsen, Bd. 22:1–157

Wildermuth H, Schiess H (1983) Die Bedeutung praktischer Naturschutzmaßnahmen für die Erhaltung der Libellenfauna in Mitteleuropa. Odonatologica 12:345–366

Weiterführende Literatur

Berger G, Pfeffer H, Kalettka T (Hrsg) (2011) Amphibienschutz in kleingewässerreichen Ackergebieten. Natur und Text, Rangsdorf

Glandt D (Red.) (1993) Mitteleuropäische Kleingewässer. Ökologie – Schutz – Management. Metelener Schriftenreihe für Naturschutz, Heft 4. Selbstverlag des Biologischen Instituts Metelen e. V., Metelen (Tagungsbd)

Glandt D (2006) Praktische Kleingewässerkunde. Zeitschrift für Feldherpetologie, Suppl. 9:1–200

Pardey A, Tenbergen B (Hrsg.) (2005) Kleingewässer in Nordrhein-Westfalen. Beiträge zur Kulturgeschichte, Ökologie, Flora und Fauna stehender Gewässer. Abhandlungen aus dem Westfälischen Mus für Naturkd 67(3):1–248

Der Naturschutz entfaltet seine Aktivitäten besonders in der wenig bewaldeten (offenen) Landschaft, vor allem in der Agrarlandschaft. Er sollte sich aber unbedingt auch im Wald betätigen.

Besonders sollte auf eine naturnahe Waldbewirtschaftung hingewirkt werden. Das bedeutet vor allem die Förderung naturnaher Laub- und Mischwälder, insbesondere im Tiefland.

Schutzmaßnahmen

- Sicherung der letzten Auwälder Mitteleuropas als besonders artenreiche Lebensräume.
- Keine Anpflanzung von Fichten (Abb. 10.1) an Standorten, an denen natürlicherseits Laub- und Mischwälder stünden.
- Freilassen kleinflächiger Lichtungen, die durch Absterben einzelner Bäume entstanden sind. Sie bieten gute Versteckmöglichkeiten für Amphibien (Abb. 10.2). Ziel sollte eine vielschichtige Mosaikstruktur des Waldes sein. Damit sollen auch die letzten deutschen Bestände der Östlichen Smaragdeidechse (*Lacerta viridis*) in Ost- und Südostdeutschland gefördert werden. Ebenso müssen die Sonnenplätze von Waldeidechse, Schlingnatter und Kreuzotter im Harz (sind hier gefährdet) erhalten bleiben.

Abb. 10.1 Trockener unterwuchsfreier Fichtenforst, der
für Amphibien ungeeignet ist.
(Foto J. Ryser)

- Liegenlassen oder Auslegen von Totholz (Abb. 10.3). Dies stellt gute Tageseinstände dar, z. B. für Feuersalamander und alle Molche in
  Landtracht. Grober Richtwert: mindestens $10\,\text{m}^3$ liegendes Totholz
  pro Hektar.
- Keine Befestigung von Forstwegen, z. B. durch Zuschütten (nach dem
  Sturm Kyrill leider finanziell gefördert). Hierdurch werden wassergefüllte Wagenspuren, die in Wäldern oft die einzigen Laichgewässer
  für Amphibien darstellen, beseitigt. Lässt sich dies nicht vermeiden,
  sollten in deren Nähe neue angelegt werden, die durch Forstarbeiten
  nicht beseitigt werden.
- Auf eine bodenschonende Bewirtschaftung ist zu achten, vor allem,
  wenn im Wald (nahe/angrenzend an einem Gewässer) überwintern-

Abb. 10.2 Kleinlichtungen in Laubwäldern mit krautiger Vegetation und Totholz bieten gute Versteckmöglichkeiten für Amphibien in der Landlebensphase. Sie sollten deshalb nicht aufgeforstet werden. (Foto D. Glandt)

de Amphibien vermutet werden. Kein Einsatz eines Harvesters oder anderer schwerer Forstmaschinen, besser Rückepferde einsetzen.

- Die Wagenspuren müssen von Zeit zu Zeit durchfahren werden, um die Wasserhaltung zu gewährleisten, jedoch nicht zur Unzeit im Frühjahr, sondern im Herbst/Winter. Auch wird hierdurch das Zuwachsen vermieden, Falllaub wird herausgeschleudert, und es kommt zur Sauerstoffanreicherung.

- Eine Ganzjahresbeweidung mittels robuster Rinderrassen oder Pferden kann im Einzelfall sinnvoll sein, sofern die zur Verfügung stehende Fläche groß genug ist (möglichst 50 ha) und die Großviehdichte im Jahresmittel 1,0 nicht überschreitet (Einzelheiten siehe Bunzel-Drüke et al. 2015).

- Verzicht auf Unterhaltungsmaßnahmen an kleinen Fließgewässern, z. B. wegen der Larven des Feuersalamanders. Ein gewisser Totholzanteil im Gewässer ist erwünscht. Hierdurch entstehen Ruhig-

Abb. 10.3 Ausgelegtes Totholz zur Strukturbereicherung in einem Laubmischwald. Das Holz bietet Tageseinstände für verschiedene Amphibien (z. B. Molche) in der Landlebensphase. (Foto D. Glandt)

wasserbereiche, die für Salamanderlarven wichtig sind (Vermeidung der Abdrift).

- Verzicht auf Entwässerungsmaßnahmen vor allem in bodennassen Wäldern.
- Sicherung wasserreicher Erlenbruchwälder (Lebensräume für verschiedene Amphibienarten, Abb. 10.4).
- Sicherung und Förderung nährstoffarmer Waldränder und Innensäume an Wegen und auf Lichtungen (wichtig z. B. für Springfrosch, Grasfrosch, Erdkröte, Blindschleiche, Waldeidechse, Ringelnatter).
- Förderung von krautigem, z. B. grasigem Unterwuchs an Waldinnensäumen (Abb. 10.5),was eine gewisse Sonneneinstrahlung erfordert.
- Sicherung von Waldgewässern unterschiedlicher Typen, z. B. alter Bombentrichter und neu angelegte Biberteiche (wichtig z. B. für

Abb. 10.4 Bruchwälder sind vielfältige Lebensräume für Amphibien, z. B. Grasfrosch und Molche. (Foto D. Glandt)

Faden- und Bergmolch, Geburtshelferkröte, Gelbbauchunke, Feuersalamander), Bachstaue in Seitentälern, ohne Forellen, für Molche und deren Larven.

- In der Regel sollte keine Gehölzentfernung an Uferbereichen von Waldgewässern erfolgen. Hierdurch wird das Mikroklima verändert und in der Folge die Artenzusammensetzung verschoben. Nur in Sonderfällen, bei größeren Stehgewässern (Weihern), könnte die Freistellung eines Teils des sonnenexponierten Ufers sinnvoll sein. Punktuell wird Pflanzenwuchs als Paarungsplatz/Laichsubstrat gefördert; außerdem kann hier der Waschbär schlechter jagen!
- Vermeidung von Vermüllung. Diese hat leider ein großes Ausmaß angenommen, obwohl es hierzulande eine gut organisierte Abfallwirtschaft gibt. Entmüllung mit ordnungsgemäßer Entsorgung ist deshalb ein wichtiges Gebot.
- Keine Kompensationskalkungen gegen die Bodenversauerung aus der Luft vornehmen lassen. Hierdurch sind Verätzungen der dünnhäutigen, empfindlichen Amphibien zu befürchten.

Abb. 10.5 Naturnaher Laubwald mit grasigem Unterwuchs als guter Landlebensraum für verschiedene Amphibienarten, z. B. Erdkröte, Grasfrosch, Molche. (Foto H. Bringsøe)

- Verzicht auf Pflanzenschutzmittel wie Glyphosat zur Wegepflege oder Kultivierung der Schonungen.
- Kanalisierung des Tourismus, vor allem des Fahrradtrackings, wodurch Erdkröte, Grasfrosch, Springfrosch, im Frühjahr Braunfrösche, Blindschleiche und Waldeidechse stark gefährdet sind. Auch im Wald kann dann eine Schutzbeplankung sinnvoll sein, z. B. zur Steuerung der Fahrradrundkurse im Fläming und an der Müritz.

Literaturtipps

Verwendete Literatur

Bunzel-Drüke M et al (2015) Naturnahe Beweidung und NATURA 2000. Ganzjahresbeweidung im Management von Lebensraumtypen und Arten im europäischen Schutzgebietssystem NATURA 2000. Heinz-Sielmann-Stiftung, Duderstadt

Weiterführende Literatur

Blab J (1984) Grundlagen des Biotopschutzes für Tiere. Schriftenreihe für Landschaftspflege und Naturschutz, Heft 24. Kilda, Greven

Pardey A, Tenbergen B (Hrsg.) (2005) Kleingewässer in Nordrhein-Westfalen. Beiträge zur Kulturgeschichte, Ökologie, Flora und Fauna stehender Gewässer. Abhandlungen aus dem Westfälischen Mus für Naturkd 67(3):1–248

Feldherpetelogie und Terraristik sehen sich seit einiger Zeit verschiedenen neuartigen Erkrankungen gegenübergestellt. Der Umgang mit ihnen ist in der Diskussion und nicht immer zufriedenstellend geklärt (Übersicht siehe Duffus und Cunningham 2010).

Nachfolgend wird das Problemfeld an zwei Beispielen beleuchtet.

11.1 Gefährliche Pilze

Seit Jahren macht eine Pilzerkrankung von sich reden, die in verschiedenen Gebieten der Erde – insbesondere in den Tropen – zu starken Bestandseinbrüchen bei Amphibien geführt hat. Auch in Europa, speziell auf der Iberischen Halbinsel, gab es bereits Bestandsrückgänge (vor allem bei der Geburtshelferkröte), die auf diese neuartige Erkrankung zurückgehen. Übeltäter ist ein mikroskopisch kleiner aquatischer Pilz mit dem Namen *Batrachochytrium dendrobatidis*, abgekürzt *Bd*, eingedeutscht als „Chytridpilz" bezeichnet. Eine Infektion mit ihm verläuft oft tödlich. Das Krankheitsbild (Chytridiomykose) betrifft Hautveränderungen und die Schädigung von Keratinstrukturen (wie die Lippenzähnchen der Froschlurchquappen).

Leider ist den Tieren weder der Pilzbefall noch die Krankheit äußerlich anzusehen. Erst mikrobiologische Tests und mikroskopische Gewebeuntersuchungen können für Klarheit sorgen. Der Feldherpetologe und Amphibienfreund kann zwar nichts im Freiland sehen, muss aber auch in Mitteleuropa immer damit rechnen, dass der Pilz in seinem Exkursionsgebiet vorkommt und dass Amphibien, mit denen er hantiert, davon befallen sind.

Nicht überall, wo der Chytridpilz mittlerweile nachgewiesen ist, kommt es auch zum Ausbruch der Krankheit mit anschließendem Absterben. Offenbar müssen noch weitere Faktoren dazu kommen, die dann zum Tod zahlreicher Amphibien führen. Diskutiert werden Umweltverschmutzungen und besonders spezifische Klima- und Wetterbedingungen.

Nach einer verbreiteten Vorstellung stammt der Chytridpilz aus Afrika und siedelt dort auf der Haut von Krallenfröschen (Gattung *Xenopus*). Für Mitteleuropa relevant ist der Glatte Krallenfrosch (*Xenopus laevis*). Krallenfrösche sind gegen die Wirkung des Pilzes immun, können jedoch zu seiner Verbreitung beitragen. Da *Xenopus laevis* früher für Schwangerschaftstests benutzt wurde („Apothekerfrosch"), auch heute noch als Labortier wichtig ist und ein beliebtes Terrarientier darstellt (zudem leicht zu erhalten ist), kam es zu einer weltweiten Verbreitung.

Auch der Nordamerikanische Ochsenfrosch (*Lithobates catesbeianus*) wird als Überträger des Chytridpilzes angenommen. Diese Art, ursprünglich heimisch im Osten Nordamerikas, ist in viele Länder und Regionen der Erde – auch nach Europa – verschleppt worden und breitet sich hier weiter aus. In Deutschland kommt er z. B. bei Karlsruhe vor.

Schließlich findet auch eine zusätzliche Verbreitung des Chytridpilzes unmittelbar durch den Menschen statt, indem beim Hantieren im Gelände Sporen übertragen werden.

Neuerdings wurde ein weiterer Hautpilz entdeckt, *Batrachochytrium salamandrivorans*, abgekürzt *Bsal* (Abb. 11.1). Er hat sich als besonders aggressiv entpuppt (Stegen et al. 2017). Ihm ist der größte Teil des niederländischen Feuersalamanderbestandes zum Opfer gefallen. Der Umgang mit diesem Hautpilz ist schwierig. Eine Weiterausbreitung ist zu vermeiden. Im Gelände sollen die Salamander möglichst nicht angefasst werden, allenfalls mit Nitrilhandschuhen (blaue Farbe, keine Latexhandschuhe nehmen), die sorgfältig zu entsorgen sind. Auf keinen Fall sollten

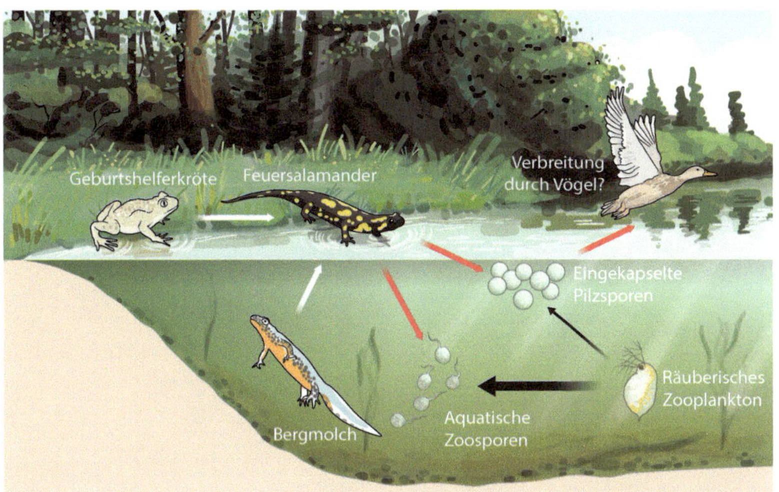

Abb. 11.1 Mögliche Ausbreitungswege des aggressiven Hautpilzes *Batrachochytrium salamandrivorans*, dem vor allem Feuersalamander zum Opfer gefallen sind. Die unterschiedliche *Pfeildicke* symbolisiert die größere Widerstandsfähigkeit der encystierten Pilzsporen gegenüber planktischen Prädatoren. (Aus Fisher 2017)

in einer anderen Salamanderpopulation ungeschützt Tiere berührt werden, weil man mit feuchten Händen die Sporen der Pilze überträgt (Stegen et al. 2017).

Als prophylaktische Maßnahmen zur Vermeidung der weiteren Ausbreitung der Chytridpilze werden empfohlen (in Anlehnung an Schmidt et al. 2009):

- Benutzen von Nitrilhandschuhen, z. B. „Untersuchungshandschuhe aus Nitrilbutadienkautschuk (NBR), puderfrei, unsteril" NitrilNextGen. Es gibt auch andere Marken in verschiedenen Größen S, M, L.
- Grundsätzlich gilt: möglichst Einzelhaltung frisch gefangener Amphibien.
- Desinfektion von Stiefeln, Keschern und Fallen (Abb. 11.2), jedoch scheint ein gründliches Abtrocknenlassen bereits ausreichend; als Desinfektionsmittel wird Virkon S empfohlen.

Abb. 11.2 Desinfektion von Stiefeln nach der Feldarbeit in einer Kunststoffwanne mit Virkon-S-Lösung. (Foto B. Schmidt)

- Verzicht auf Umsiedlung von Amphibien aus Populationen, in denen *Bd* oder *Bsal* nachgewiesen wurde (was durch Untersuchungen vorher zu klären ist!).
- Bei Wiederansiedlungsprojekten, Bestandsstützungen oder Rettungsumsiedlungen müssen die Tiere vorher auf *Bd*- bzw. *Bsal*-Befall untersucht werden. Bei positivem Befund eignen sie sich nicht für das Vorhaben!
- An Amphibienschutzzäunen sollten die Fangeimer desinfiziert werden. Wenn an einem Tag mehrere Gewässer aufgesucht werden und keine Desinfektion oder ein Abtrocknen stattfinden kann, sollte man einen drei- bis vierfachen Materialsatz (Kescher, Stiefel, Fallen) vorhalten.

- Generell sollte alles getan werden, um die Verschleppung der Pilze von Population zu Population zu vermeiden. Innerhalb einer bereits befallenen Population ist es nicht möglich, der weiteren Ausbreitung Einhalt zu gebieten.
- Nicht immer sind die genannten Empfehlungen im Freiland praktikabel. So ist bei großen Tierkontingenten die Einzelhaltung der Individuen nur schwer, wenn überhaupt einzuhalten. An Amphibienschutzzäunen mit Sammeleimern fallen oft zahlreiche Amphibien verschiedener Arten rein. In den Sammeleimern kann es leicht zur Übertragung der Pilzsporen kommen.
- Was macht man, wenn z. B. eine Kammmolchpopulation im Zuge einer Straßenbaumaßnahme umgesiedelt werden soll, in dieser aber *Bd* oder *Bsal* nachgewiesen wurde?
- Amphibienschutzanlagen, die mit Durchlässen unter einer Straße kombiniert sind, lassen sich kaum, wenn überhaupt, pilzfrei halten.

11.2 Rana-Virus

Dieses in den 1960er-Jahren entdeckte, mittlerweile über ganz Europa verbreitete Virus befällt Amphibien wie auch Reptilien und führte in manchen Fällen bereits zu starken Bestandsverlusten. Gravierende Mortalitäten wurden bei der Geburtshelferkröte und beim Grasfrosch registriert. Aber auch Eidechsen, Schildkröten und Schlangen wurden befallen.

Auch in diesem Falle ist die Benutzung von Nitrilhandschuhen mit anschließender sorgfältiger Entsorgung eine wichtige Voraussetzung, um die Weiterverbreitung nicht zu fördern.

Literaturtipps

Verwendete Literatur
Duffus ALJ, Cunningham AA (2010) Major disease threats to European amphibians. Herpetol J 20:117–127
Fisher MC (2017) In peril form a perfect pathogen. Nature 544:300–301

Schmidt BR, Furrer S, Kwet A, Lötters S, Rödder D, Sztatecsny M, Tobler U, Zumbach S (2009) Desinfektion als Maßnahme gegen die Verbreitung der Chytridiomykose bei Amphibien. Zeitschrift für Feldherpetologie, Supplement 15:229–241

Stegen G, Pasmans F et al (2017) Drivers of salamander extirpation mediated by *Batrachochytrium salamandrivorans*. Nature 353 (20 April 2017)

Weiterführende Literatur

Böll S (2014) Potentielle Verbreitung des Chytridiomykose-Erregers *Batrachochytrium dendrobatidis* über Wasserfallen. In: Kronshage A, Glandt D (Hrsg) Wasserfallen für Amphibien – Praktische Anwendung im Artenmonitoring. Abhandlungen aus dem Westfälischen Museum für Naturkunde, Bd. 77. Westfälisches Museum für Naturkunde, Münster, S 281–292

Glandt D (2014) Heimische Amphibien. Bestimmen – Beobachten – Schützen (Sonderausgabe). AULA, Wiebelsheim

Miaud C, Pozet F, Gaudin NC, Martel A, Pasmans F, Labrut S (2016) Rana virus causes mass die-offs of alpine Amphibians in the southwestern alps, France. J Wildl Dis 52(2):242–252. https://doi.org/10.7589/2015-05-113

Roy HE et al (2016) Alien pathogens on the horizon: opportunities for predicting their threat to wildlife. Conserv Lett. https://doi.org/10.1111/conl.12297

Spitzen-van der Sluijs A et al (2016) Expanding distribution of lethal Amphibian fungus *Batrachochytrium salamandrivorans* in Europe. Emerg Infect Dis J 22(7):1286–1288

Kein Allheilmittel: Nachzucht, künstliche Ansiedlung, Rettungsumsiedlung

Die Basisstrategie des Artenschutzes sind die Sicherung, der Schutz und die Pflege bestehender Lebensräume (Biotope) und ihrer Lebensgemeinschaften (Biozönosen). Durch komplexe Wechselbeziehungen entstehen Ökosysteme. Ihre Vernetzung mit dem Umland, z. B. anderen Ökosystemen, ist von zentraler Bedeutung. Die Entwicklung und Sicherung von landschaftlichen Korridoren ist deshalb eine zentrale Forderung des Naturschutzes, der Landschaftsplanung und der Landschaftspflege.

Vor allem am Rande von Verbreitungsgebieten lässt sich diese Forderung häufig nicht erfüllen. Deshalb gibt es Initiativen, Arten in Gefangenschaft nachzuzüchten und in ehemals besiedelten Gebieten auszusetzen. Dies wurde z. B. mit dem Europäischen Laubfrosch und der Westlichen Knoblauchkröte durchgeführt. Solche Maßnahmen werden nicht nur begrüßt, sondern auch kritisch gesehen. Sie sind kein Allheilmittel, vielmehr der letzte Versuch einer Rettung am Rande der Verbreitung.

Dabei sollten folgende Gesichtspunkte beachtet werden:

- Kartierung des Aussetzungsgebietes (Gewässer und weiteres Umfeld) und Bewertung der Eignung für eine Ansiedlung; je nach Zielart sind dabei die artspezifischen Umweltansprüche zu berücksichtigen.
- Die Ausgangstiere für die Ansiedlung sollten möglichst aus geringer Entfernung zum Ansiedlungsort stammen. Entfernungen von mehre-

© Springer-Verlag GmbH Deutschland, ein Teil von Springer Nature 2018
D. Glandt, *Praxisleitfaden Amphibien- und Reptilienschutz*,
https://doi.org/10.1007/978-3-662-55727-3_12

ren Hundert Kilometern sind aus genetischen Gründen nicht angebracht.

- Die Entnahme von Tieren aus bestehenden Populationen darf nicht zur Beeinträchtigung der Ausgangspopulation führen. Die Ausgangstiere sollten nach Aufbau eines Zuchtstammes deshalb wieder in ihren angestammten Lebensraum zurückgesetzt werden.
- Soweit möglich, sollten die neuen Biotope, möglichst angelegt in der Nähe zu bereits bestehenden, unter gesetzlichen Schutz gestellt werden. Hierdurch ist die Gewähr für eine langfristige Sicherung gegeben.
- Eine Langzeitkontrolle (Erfolgskontrolle) der Bestandsentwicklung ist erforderlich.
- Die Ausgangs- bzw. Nachzuchttiere müssen auf etwaigen Befall mit Hautpilzen (Chytridpilze) untersucht werden. Bei Pilznachweisen scheiden sie für das Vorhaben aus.

Rettungsumsiedlungen

Durch Baumaßnahmen werden häufig Biotope überplant und gehen verloren. Hier sind dann Ausgleichs- oder Ersatzmaßnahmen vorgeschrieben. Dies kann im Falle eines Gewässers die Anlage eines neuen Feuchtbiotops sein (Ausgleich) oder die Schaffung eines ganz anderen Biotops (Ersatz). Im ersten Fall werden dann nicht selten Amphibien, vor allem wenn es sich um Kammmolche handelt, umgesiedelt. Die Vorgehensweise ist grundsätzlich nicht anders als bei künstlichen Ansiedlungen, und die vorstehenden Gesichtspunkte sind ebenso zu beachten.

- Bei Molchumsiedlungen empfiehlt sich, mittels Wasserfallen einen Teil der Tiere abzufangen und in das neue Laichgewässer zu verbringen (Beispiel Abb. 12.1). Um vor dem ersten Ablaichen im neuen Gewässer ein Abwandern zu verhindern, muss dieses von einer unüberwindbaren Abschrankung umgeben werden. Vorher zu klären ist, ob Chytridpilze vorkommen! Falls ja, muss auf die Maßnahme verzichtet werden.
- Damit die Molche ablaichen können, sind Initialpflanzungen mit Wasserpflanzen erforderlich. Hierzu sind einige Pflanzen in Blumentöpfen in das Gewässer zu geben (kein Bodenmaterial eingeben, dadurch wird das Wasser trübe). Alternativ wäre die Neuanlage zwei bis vier

Abb. 12.1 Falle zum Fang von Amphibien, insbesondere von Molchen, während der jährlichen Wasserlebensphase. Das Bild zeigt eine Henf-Laer-Reuse mit außen angebrachten Schwimmern (*grau*). (Foto D. Glandt)

Jahre vor der Umsiedlung möglich und eine eigenständige Besiedlung mit Pflanzen abzuwarten.

- Bei Erdkröte, Grasfrosch etc. lassen sich Laichproben oder Larven aus dem alten ins neue Gewässer transportieren. Vorher ist zu klären, ob Chytridpilze vorkommen! Falls ja, scheidet die Laichentnahme aus.
- Priorität muss die Sicherung bestehender Vorkommen haben. Neuanlagen sollten möglichst in der Nähe bestehender Vorkommen erfolgen. Wegweisend sind die IUCN-Richtlinien zur Wiederansiedlung (siehe Internet 2013).

Literaturtipps

Verwendete Literatur

IUCN/SSC (2013) Guidelines for Reintroductions and Other Conservation Translocations. Version 1.0. Gland, Switzerland: IUCN Species Survival Commission, 57 pp.

Weiterführende Literatur

Böll S (2014) Potentielle Verbreitung des Chytridiomykose-Erregers *Batracho-chytrium dendrobatidis* über Wasserfallen. In: Kronshage A, Glandt D (Hrsg) Wasserfallen für Amphibien – Praktische Anwendung im Artenmonitoring. Abhandlungen aus dem Westfälischen Museum für Naturkunde, Bd. 77. Westfälisches Museum für Naturkunde, Münster, S 281–292

Glandt D (2014) Heimische Amphibien. Bestimmen – Beobachten – Schützen. AULA, Wiebelsheim (Sonderausgabe)

Landesamt für Natur, Umwelt und Verbraucherschutz NRW & NABU-Naturschutzstation Münsterland e. V. (2016) Die Knoblauchkröte (*Pelobates fuscus*). Verbreitung, Biologie, Ökologie, Schutzstrategien und Nachzucht. LANUV-Fachbericht 75. Landesamt für Natur, Umwelt und Verbraucherschutz NRW & NABU-Naturschutzstation Münsterland e. V., Recklinghausen (Tagungsbd)

Roy HE et al (2016) Alien pathogens on the horizon: opportunities for predicting their threat to wildlife. Conserv Lett. https://doi.org/10.1111/conl.12297

Thomas A (2013) Gärtnern für Tiere. Das Praxisbuch für das ganze Jahr. Haupt, Bern

Alle praktischen Maßnahmen zur Förderung und zum Schutz der Amphibien und Reptilien (wie auch anderer Arten und ihrer Lebensräume) sollten einer Erfolgskontrolle unterzogen werden, auch wenn diese ergibt, dass die gesetzten Ziele nicht erreicht wurden. Es ist dann zu überlegen, welche Änderungen der Maßnahmen vorgenommen werden sollten, um die Ziele doch noch zu erreichen.

Erfolgskontrollen (umfassende Darstellung siehe Usher und Erz 1994) sollten bereits im Planfeststellungsbeschluss und in Projektanträgen oder -beschreibungen verankert sein. Auf freiwilliger Basis finden sie kaum oder gar nicht statt. Dabei haben die Maßnahmen meist viel Geld gekostet, z. B. der Bau von Kleintierdurchlässen an einer neuen Autobahn oder Rettungsumsiedlungen von Eidechsen an Bahnanlagen. Erfolgskontrollen machen demgegenüber nur einen geringen Teil der Gesamtkosten eines Projektes aus.

Erfolgskontrollen sollten umfassen:

- Sorgfältige Planung der Maßnahmen wie auch des Zeitraumes. Letzterer kann mehrere Jahre umfassen.
- Gerade bei langfristigen Kontrollen sind oftmals unterschiedliche Gutachter tätig. Es kommt deshalb darauf an, einheitliche Standards

© Springer-Verlag GmbH Deutschland, ein Teil von Springer Nature 2018   101
D. Glandt, *Praxisleitfaden Amphibien- und Reptilienschutz,*
https://doi.org/10.1007/978-3-662-55727-3_13

für Nachweis- und Untersuchungsmethoden zu entwickeln und einzuhalten, andernfalls ist die Aussagekraft eingeschränkt.

- CEF (= Continued Ecological Functionality = vorbeugende Ausgleichsmaßnahmen). Dies sind Kompensationsmaßnahmen, die dem Eingriff vorgezogen werden; auch hier ist eine Erfolgskontrolle notwendig.
- Abgrenzung des Plan- oder Projektgebietes.
- Genaue Beschreibung der Maßnahmen, z. B. bei Gewässerneuanlagen und Rettungsumsiedlungen.
- Darstellung der Landschaftsstruktur und Bodennutzung innerhalb des Gebietes.
- Vorschläge zur Anreicherung des Plangebietes mit zusätzlichen Landschaftselementen.
- Erarbeitung von Vorschlägen für die zukünftige Nutzung (kurz-, mittel- und langfristig).
- Im Einzelfall Vorschläge für einen gesetzlichen Schutz (mindestens Landschaftschutzgebiet, besser Naturschutzgebiet).

Erfolgskontrollen können zeitaufwendig sein. Eine nahezu vollständige Erfassung wandernder Molche, Frösche und Kröten (mit Ausnahme der gut kletternden Laubfrösche!) ist über das komplette Einfassen eines Gewässers mittels Fangzaun in Kombination mit Eimerfallen möglich (Abb. 13.1).

Vor allem für die Erfassung von Schlangen bietet sich die in Abb. 13.2 vorgeschlagene Konstruktion an. Die auf einen Fangzaun stoßenden Tiere sollen dabei auf in Fangeimer zulaufende Röhren geleitet werden. Näheres zum Schlangenfang mittels Fallen siehe McDiarmid et al. (2012).

Eine effiziente Erfassung von Amphibien, vor allem von Molchen in der Wasserphase, lässt sich durch den Einsatz von Unterwasserfallen bewerkstelligen (Abb. 13.3). In Tab. 13.1 wird die Benutzung und Bewertung von fünf gängigen Wasserfallentypen zur Amphibienerfassung vergleichend behandelt.

Während Fallen regelmäßig zu kontrollieren sind, entfällt dies beim Einsatz künstlicher Versteckplätze (Abb. 13.4). Mit ihnen lassen sich besonders gut beinlose Reptilien, z. B. Blindschleichen, aber auch Amphibien, z. B. Molche in Landtracht, Kröten und Frösche, nachweisen.

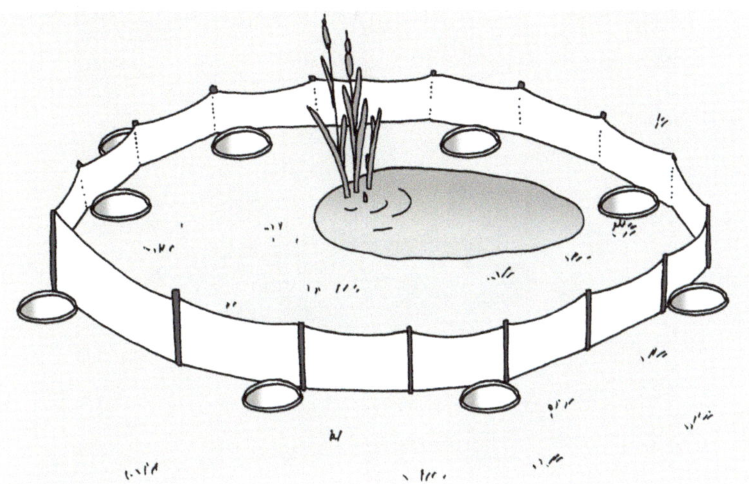

Abb. 13.1 Komplett eingefasstes Gewässer zur Ermittlung an- und abwandernder Amphibien. Ein geschlossener Fangzaun lässt sich nur an kleineren Gewässern installieren. Große Weiher und Seen lassen sich jedoch an bestimmten Stellen mit einem oder mehreren linear aufgebauten Zaunstücken kontrollieren. (Grafik P. Veenvliet; aus Veenvliet und Veenvliet 2008)

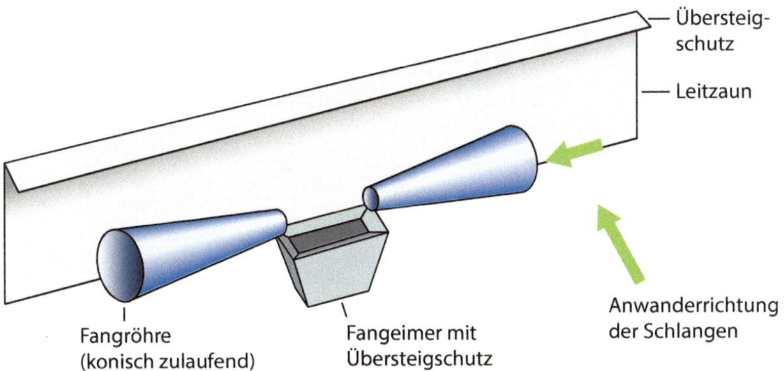

Abb. 13.2 Fangröhren zum Fang von Kleintieren, insbesondere Schlangen. Die auf den Fangzaun stoßenden Tiere sollen seitlich abgelenkt und in die sich konisch zu den Sammeleimern verengenden Fangröhren geleitet werden. Fangzaun und Fangeimer sind mit Übersteigschutz versehen. (Originalgrafik D. Glandt)

Abb. 13.3 Eine früh entwickelte Falle ist die sog. BIM-Reuse, die vom Biologischen Institut Metelen entwickelt wurde. Sie ist die fängigste Wasserfalle überhaupt, was vor allem auf die großen seitlichen Öffnungen zurückzuführen ist. Allerdings ist sie recht schwer und nicht im Handel erhältlich, muss demnach selbst gebaut oder in einer Werkstatt in Auftrag gegeben werden. Dafür ist sie lange haltbar. (Foto D. Glandt)

Abb. 13.4 Zum Nachweis beinloser Reptilien (Schlangen, Schleichen, bestimmte Skinke) eignen sich hervorragend künstliche Versteckplätze (KV), die gezielt ausgelegt werden. *Links* Profilblech aus Stahl, *rechts* Schalbrett aus Holz. (Foto D. Glandt)

Tab. 13.1 Vergleichende Beurteilung der in Mitteleuropa gängigen Wasserfallentypen zur Amphibienerfassung (siehe auch Abb. 13.2, 13.3, 13.4). Die Kriterien sind *von oben nach unten* in eine gewichtete Rangordnung gebracht. Dies gilt nicht für den Tierschutzaspekt. Hierzu fehlen noch genauere Untersuchungen, die diesbezüglichen Kommentare sind deshalb Vermutungen. (Modifiziert nach Glandt 2014)

Kriterium	BIM-Reuse	Kleinfischreuse	Henf-Laar-Reuse	Eimerfalle (Ortmann)	Flaschenfalle
Fängigkeit der Einzelfalle	Sehr gut: Molche, Froschlurche, Amphibienlarven	Gut bis befriedigend: Molche, Amphibienlarven	Gut: Molche, Froschlurche, Amphibienlarven	Gut: Molche, Amphibienlarven	Befriedigend: Molche, Amphibienlarven
Einsetzbarkeit	Tiefere Gewässer	Flache (ohne Schwimmer) und tiefere Gewässer (mit Schwimmer)	Tiefere Gewässer	Tiefere Gewässer	Flache Gewässer sowie Flachufer tieferer Gewässer; montiert an senkrechten Stäben auch tiefere Gewässerpartien
Handhabbarkeit (Setzen, Leeren)	Gut	Gut	Gut	Gut	Gut
Transport	Platzaufwendig, hohes Gewicht, bei längeren Fußwegen anstrengend	Sehr platzsparend und leicht	Platzsparend, zerlegbar, leicht	Platzaufwendig, aber leicht	Platzsparend und leicht

Tab. 13.1 (Fortsetzung)

Kriterium	BIM-Reuse	Kleinfischreuse	Henf-Laar-Reuse	Eimerfalle (Ortmann)	Flaschenfalle
Haltbarkeit	Sehr langlebig (>25 Jahre)	Gering, Probleme: Gaze, Reißverschlüsse	Evtl. langlebig; Schwachpunkt Klettverschlüsse?	Langlebig, aber wartungsanfällig; Schwachpunkt Fangtrichter	Langlebig
Erhältlichkeit, Bau	Eigenbau, aufwendig, wegen Schweiß- und Näharbeiten, besser Werkstattmontage	Im Handel, Fangtrichterbildung in Selbstmontage mittels Nylonschnur	Bausatz im Handel, Eigenmontage ca. 30 min	Eigenbau, mäßig aufwendig, Ausgangsmaterialien in Baumärkten	Eigenbau sehr einfach, Ausgangsmaterial im Getränkehandel
Kosten	Materialkosten ca. 50 €, dazu Schweiß- und Näharbeiten	Ab ca. 5 €, je nach Modell	Ca. 60 € je Bausatz	Ca. 5 €	Ca. 50 Cent Flaschenpfand
Tierschutz, Stressphysiologie (hoher Forschungsbedarf!)	Unproblematisch	Unproblematisch	Unproblematisch	Problematisch: glatte Wandung, Thermik, Sauerstoff	Problematisch: geringes Volumen, glatte Wandung, Thermik, Sauerstoff

BIM Biologisches Institut Metelen, an welchem die Reuse entwickelt wurde. *Henf*, *Laar* und *Ortmann* sind die Namen der Erfinder der entsprechenden Fallentypen

Literaturtipps

Verwendete Literatur

Glandt D (2014) Wasserfallen als Hilfsmittel der Amphibienerfassung – eine Standortbestimmung. In: Kronshage A, Glandt D (Hrsg) Wasserfallen für Amphibien. Praktische Anwendung im Artenmonitoring. Abhandlungen aus dem Westfälischen Museum für Naturkunde, Münster, 77:9–50

McDiarmid RW et al (2012) Reptile Biodiversity. Standard methods for inventory and monitoring. University of California Press, Berkeley, London

Usher MB, Erz W (Hrsg) (1994) Erfassen und Bewerten im Naturschutz. Probleme – Methoden – Beispiele. Quelle & Meyer, Heidelberg, Wiesbaden

Veenvliet P, Veenvliet JK (2008) Slowenische Amphibien. Handbuch zur Bestimmung mit einem Bildanhang. 2. Auflage, Symbiosis, Grahovo (Slowenisch)

Weiterführende Literatur

Doerpinghaus A et al (2005) Methoden zur Erfassung von Arten der Anhänge IV und V der Fauna-Flora-Habitat-Richtlinie. Naturschutz und Biologische Vielfalt, Bd. 20. Bundesamt für Naturschutz, Bonn

Glandt D (2016) Amphibien und Reptilien – Herpetologie für Einsteiger. Springer Spektrum, Berlin, Heidelberg

Smith RK, Dicks LV, Mitchell R, Sutherland WJ (2014) Comparative effectiveness research: the missing link in conservation. Conserv Evid 11:2–6

Sutherland WJ et al (2013) Conservation practice could benefit from routine testing and publication of management outcomes. Conserv Evid 10:1–3

Wilkinson JW (2015) Amphibian survey and monitoring handbook. Pelagic, Exeter

Alle genannten Rechtsvorschriften (FFH-Richtlinie, Gesetze, Verordnungen) können über das Internet abgerufen werden.

Bei vielen Planungen und Projekten werden nur die FFH- bzw. planungsrelevanten Arten kartiert, sodass andere vernachlässigt werden. Wünschenswert wären aber umfassendere Kartierungen der Vorkommen und Bestandsgrößen unter Einbeziehung auch anderer, nicht unbedingt gesetzlich geschützter Arten.

14.1 Die FFH-Richtlinie

Für Deutschland und Österreich gilt die Fauna-Flora-Habitat-Richtlinie (FFH-RL) der Europäischen Union (EU). Für den Amphibien- und Reptilienschutz bedeutsam sind die drei Anhänge II, IV und V. Über den sog. „Erhaltungszustand" ausgewählter Populationen dieser Arten (und ihrer Lebensräume!) ist regelmäßig (alle 6 Jahre) der EU nach Brüssel zu berichten, und zwar in der Reihenfolge: Länderbericht – Bund – EU.

Definiert ist der Erhaltungszustand einer Art in Art. 1, Buchstabe i der Richtlinie als „Die Gesamtheit der Einflüsse, die sich langfristig auf die Verbreitung und die Größe der Populationen der betreffenden Arten in

© Springer-Verlag GmbH Deutschland, ein Teil von Springer Nature 2018
D. Glandt, *Praxisleitfaden Amphibien- und Reptilienschutz*,
https://doi.org/10.1007/978-3-662-55727-3_14

dem in Artikel 2 bezeichneten Gebiet auswirken können". Das Gebiet ist das der Mitgliedstaaten der EU.

Als „günstiger Erhaltungszustand" wird betrachtet, wenn

- „aufgrund der Daten über die Populationsdynamik der Art anzunehmen ist, daß diese Art ein lebensfähiges Element des natürlichen Lebensraumes, dem sie angehört, bildet und weiterhin bilden wird, und
- das natürliche Verbreitungsgebiet dieser Art weder abnimmt noch in absehbarer Zeit vermutlich abnehmen wird und
- ein genügend großer Lebensraum vorhanden ist und wahrscheinlich weiterhin vorhanden sein wird, um langfristig ein Überleben der Populationen dieser Art zu sichern."

Besonders zu betonen ist, dass auf *Langfristigkeit* abgehoben wird.
Die artbezogenen Anhänge sind wie folgt definiert:

Anhang II Tier- und Pflanzenarten von gemeinschaftlichem Interesse, für deren Erhaltung *besondere Schutzgebiete* ausgewiesen werden müssen. Dies ist nicht für sämtliche Vorkommen einer Art möglich. So ist z. B. der Kammmolch (*Triturus cristatus*) im Norddeutschen Tiefland eine verbreitete und vielfach häufige Art. Es wäre nicht leistbar, für sämtliche Vorkommen besondere Schutzgebiete auszuweisen. Diese müssten alle der EU nach Brüssel gemeldet, und alle 6 Jahre müsste der Erhaltungszustand dokumentiert werden. Folglich musste eine Auswahl getroffen werden, die gleichsam als „Indikator" für den Zustand einer Art innerhalb einer größeren Region, z. B. einer biogeografischen Region oder eines Bundeslandes, gewertet wird.

Anhang IV Streng zu schützende Tier- und Pflanzenarten von gemeinschaftlichem Interesse. Die ausdrückliche Ausweisung „besonderer Schutzgebiete" ist zwar für diese Arten nicht gefordert, jedoch kann man keinen Artenschutz ohne Biotopschutz betreiben. Eine Art wie z. B. den Moorfrosch (wird nicht in Anhang II, sondern nur in Anhang IV geführt) kann man nur wirksam schützen, indem man nicht nur die Individuen der Populationen, sondern auch ihre Laichgewässer und die ergänzenden Landlebensräume sichert. Das bedeutet, es muss auch Biotopschutz stattfinden, egal ob die konkreten Lebensräume durch eine Rechtsverordnung (z. B. Naturschutzgebiet = NSG) geschützt sind oder nicht.

Anhang V Tier- und Pflanzenarten von gemeinschaftlichem Interesse, deren Entnahme aus der Natur und Nutzung Gegenstand von Verwaltungsmaßnahmen sein können. Reptilien werden hier nicht aufgeführt, wohl aber vier Amphibienarten: drei Grünfrösche (*Rana esculenta, R. perezi* und *R. ridibunda*, heute als Gattung *Pelophylax* geführt, z. B. *Pelophylax esculentus*) sowie der Grasfrosch (*Rana temporaria*). Diese Arten sind aus kulinarischen Gründen aufgenommen worden, wegen des traditionell bedeutsamen Verzehrs von Froschschenkeln. Betroffen ist z. B. Frankreich. Für Deutschland ist diese Kategorie allerdings nicht relevant (A. Geiger, mdl.).

14.2   Die Bundesartenschutzverordnung (BArtSchV)

Bundesartenschutzverordnung vom 16. Februar 2005 (BGBl. I S. 258, 896), die zuletzt durch Artikel 10 des Gesetzes vom 21. Januar 2013 (BGBl. I S. 95) geändert worden ist. Durch diese Verordnung sind alle europäischen Reptilien- und Amphibienarten innerhalb Deutschlands besonders geschützt. Zwei Reptilienarten sind darüber hinaus streng geschützt. Dies sind die Westliche Smaragdeidechse (*Lacerta bilineata*) und die Aspisviper (*Vipera aspis*). Während die erstgenannte Art noch an verschiedenen Stellen entlang der Rheinschiene (Kölner Bucht bis Baden-Württemberg) vorkommt, findet sich die Aspisviper innerhalb Deutschlands nur an einer einzigen Stelle (Südschwarzwald).

14.3   Rote Listen

Seit ihrer Einführung in den 1970er-Jahren haben sich die „Roten Listen" als wichtiges Instrument im Artenschutz entwickelt. Obwohl keine Rechtsvorschriften (für die Schweiz siehe unten), haben sie naturschutzpolitisch beträchtlichen Einfluss. In der Anfangsphase wurden keine umfangreichen Hintergrundanalysen, z. B. zu Langzeittrends der Populationsgröße, geführt, um die Arten mit der wünschenswerten Transparenz aufzunehmen und einer bestimmten Gefährdungskategorie zuzuordnen. Vor allem für Amphibien und Reptilien lag damals zu wenig Datenmaterial vor. Mittlerweile ist die Datengrundlage besser.

Für die Aufnahme in die Rote Liste wurden vor allem zugrunde gelegt:

- Überleben der Art im Bezugsraum über mindestens 25 Jahre oder
- eine geringere Zeitspanne, wenn diese (in Verbindung mit der Biologie der Art) ein weiteres Überleben im Bezugsraum gewährleistet oder
- Ausbreitung über klimatisch unterschiedliche Gebiete, die in kürzerer Zeitspanne die klimatische Bandbreite einer Region repräsentieren (Ersatz von Zeit durch Raum).

Für bestimmte Spezialfälle gibt es weitere Kritierien.

Die für **Deutschland** unterschiedenen Gefährdungskategorien und ihre Definition finden sich in Tab. 14.1. Nur die Kategorien von 0 bis R werden in der Roten Liste geführt, die letzten vier Kategorien sind dagegen nicht Gegenstand der Liste. Die Gefährdungskategorien werden mithilfe eines vierteiligen Kriteriensystems ermittelt (Bundesamt für Naturschutz 2009; Ludwig et al. 2009).

In **Österreich** ist die Rote Liste durch eine erhebliche Weiterentwicklung der Aufnahmekriterien der IUCN (= *International Union for Conservation of Nature and Natural Resources*) erstellt worden. Dabei sollten möglichst objektive, nachvollziehbare Einstufungen vorgenommen werden. „Gefährdung" wird als Aussterberisiko verstanden, gemessen als Aussterbewahrscheinlichkeit innerhalb einer Zeitspanne (Tab. 14.2).

Da häufig keine quantitativen Daten zur Populationsgröße und ihrer zeitlichen Entwicklung (Populationsdynamik) vorliegen, wurde der Rückgang einer Art aus der Arealentwicklung auf der Basis von Verbreitungskarten abgeschätzt. Eine ausführliche Darstellung dieses Ansatzes findet sich bei Zulka et al. (2001) und Zulka und Eder (2007).

In der **Schweiz**, für die die FFH-Richtlinie nicht gilt, sind die Roten Listen ein *rechtswirksames Instrument* aufgrund Art. 18 und 21 des Natur- und Heimatschutzgesetzes (NHG) sowie Art. 20 der Heimatschutzverordnung (NHV), siehe Schmidt und Zumbach (2005). Aufnahmekri-

Tab. 14.1 Die Rote-Liste-Kategorien in Deutschland. (Kombiniert nach Bundesamt für Naturschutz 2009)

Symbol	Kategorie	Definition
0	Ausgestorben oder verschollen	Arten, die nachweislich ausgestorben sind, oder es besteht aufgrund vergeblicher Nachsuche über einen längeren Zeitraum der begründete Verdacht, dass ihre Populationen erloschen sind
1	Vom Aussterben bedroht	Arten, die so stark bedroht sind, dass sie in absehbarer Zeit aussterben, wenn die Gefährdungsursachen andauern; umgehende Schutzmaßnahmen sind erforderlich
2	Stark gefährdet	Arten, die erheblich zurückgegangen oder durch menschliche Aktivitäten erheblich bedroht sind. Es sind dringend Schutz- und Hilfsmaßnahmen erforderlich, um die Bestände zu stabilisieren oder zu vergrößern, andernfalls besteht die Gefahr nach Kat. 1 aufzurücken
3	Gefährdet	Arten, die merklich zurückgegangen oder durch menschliche Aktivitäten bedroht sind. Wird die Gefährdung nicht abgewendet, besteht die Gefahr nach Kat. 2 aufzurücken
G	Gefährdung unbekannten Ausmaßes	Gefährdete Arten, wobei die vorliegenden Informationen nicht ausreichen, um eine Zuordnung zu den Kat. 1 bis 3 vornehmen zu können. Durch geeignete Schutz- und Hilfsmaßnahmen sollten die Bestände stabilisiert, möglichst vergrößert werden
R	Extrem selten	Extrem seltene oder nur lokal vorkommende Arten, deren Bestände zwar nicht abgenommen haben und aktuell auch nicht bedroht, jedoch gegenüber unvorhersehbaren Gefährdungen besonders anfällig sind
V	Vorwarnliste	Arten, die merklich zurückgegangen, aktuell aber noch nicht gefährdet sind. Bei Fortbestehen bestandsreduzierender Einwirkungen ist in naher Zukunft eine Einstufung in Kat. 3 wahrscheinlich
D	Daten unzureichend	Die Informationen zu Verbreitung, Biologie und Gefährdung dieser Arten sind unzureichend. Genauere Untersuchungen sollten möglichst bald eingeleitet werden
*	Ungefährdet	Arten deren Bestände zugenommen haben, stabil oder so wenig zurückgegangen sind, dass sie nicht mindestens in Kat. V eingestuft werden müssen
•	Nicht bewertet	Arten, für die keine Gefährdungsanalyse durchgeführt wird

Tab. 14.2 Die Rote-Liste-Kategorien in Österreich. Ausführliche Begründung der Zuordnung siehe Zulka et al. (2001) und Zulka und Eder (2007)

Symbol (Name)	Kategorie	Kurzdefinition, Erläuterungen
RE (*regionally extinct*)	Regional ausgestorbene Arten, die in Österreich verschwunden sind	Arten, deren Populationen nachweisbar ausgestorben, ausgerottet oder verschollen sind, d. h. es besteht der begründete Verdacht, dass ihre Populationen erloschen sind
CR (*critically endangered*)	Vom Aussterben bedroht	Es ist mit zumindest 50%iger Wahrscheinlichkeit anzunehmen, dass die Art in den nächsten 10 Jahren (oder 3 Generationen, je nachdem, was länger dauert) ausstirbt
EN (*endangered*)	Stark gefährdet	Es ist mit zumindest 20%iger Wahrscheinlichkeit anzunehmen, dass die Art in den nächsten 20 Jahren (oder 5 Generationen, je nachdem, was länger dauert) ausstirbt
VU (*vulnerable*)	Gefährdet	Es ist mit zumindest 10%iger Wahrscheinlichkeit anzunehmen, dass die Art in den nächsten 100 Jahren ausstirbt
NT (*near threatened*)	Gefährdung droht (Vorwarnliste)	Weniger als 10 % Aussterbewahrscheinlichkeit in den nächsten 100 Jahren, aber negative Bestandsentwicklung oder hohe Aussterbegefahr in Teilen des Gebiets
LC (*least concern*)	Nicht gefährdet	Weniger als 10 % Aussterbewahrscheinlichkeit in den nächsten 100 Jahren; weitere Attribute wie unter NT treffen nicht zu
DD (*data deficient*)	Datenlage ungenügend	Die vorliegenden Daten lassen keine Einstufung in die einzelnen Kategorien zu
NE (*not evaluated*)	Nicht eingestuft	Die Art wurde nicht eingestuft

terien sind die Größe des Verbreitungsgebietes, die Populationsgröße oder das abgeschätzte Aussterberisiko (Tab. 14.3). Wie in der deutschen und österreichischen Liste wurden die Arten der letzten vier Kategorien nicht aufgenommen.

Tab. 14.3 Die Rote-Liste-Kategorien in der Schweiz. Zu den Begriffen „extrem hohes", „sehr hohes" und „hohes Risiko" siehe Schmidt und Zumbach (2005)

Symbol (Name)	Kategorie	Kurzdefinition
RE (*regionally extinct*)	In der Schweiz ausgestorben	Arten, die in der Natur nicht mehr nachgewiesen wurden, für die aber Beweise vorliegen, wonach früher bodenständige (autochthone) Populationen existierten
CR (*critically endangered*)	Vom Aussterben bedroht	Es besteht ein *extrem hohes* Risiko, in unmittelbarer Zukunft auszusterben
EN (*endangered*)	Stark gefährdet	Es besteht ein *sehr hohes* Risiko, in unmittelbarer Zukunft auszusterben
VU (*vulnerable*)	Verletzlich	Es besteht ein *hohes* Risiko, in unmittelbarer Zukunft auszusterben
NT (*near threatened*)	Potenziell gefährdet	Arten, die derzeit nicht vom Aussterben bedroht, stark gefährdet oder verletzlich sind, sich aber nahe der Einstufung einer der Kategorien befinden
LC (*least concern*)	Nicht gefährdet	Weit verbreitete und häufige Arten, die in keine der vorstehend genannten Kategorien aufgenommen werden mussten
DD (*data deficient*)	Ungenügende Datengrundlage	Arten, über deren Verbreitung und Häufigkeit keine ausreichenden Daten zur Verfügung stehen, um eine Gefährdungsbeurteilung vornehmen zu können
NE (*not evaluated*)	Nicht beurteilt	Arten, die z. B. eingeschleppt wurden

Literaturtipps

Bundesamt für Naturschutz (2009) (Hrsg): Rote Liste gefährdeter Tiere, Pflanzen und Pilze Deutschlands. Bd. 1: Wirbeltiere. Naturschutz und Biologische Vielfalt 70(1):1–386. Bundesamt für Naturschutz, Bonn

Ludwig G, Haupt H, Grattke H, Binot-Hafke, M (2009) Methodik der Gefährdungsanalyse für Rote Listen. In: Bundesamt für Naturschutz (2009), S. 23–71

Schmidt BR, Zumbach S (2005) Rote Liste der gefährdeten Amphibien der Schweiz. BUWAL-Reihe Vollzug Umwelt. BUWAL, Bern

Zulka KP, Eder E (2007) Zur Methode der Gefährdungseinschätzung: Prinzipien, Aktualisierungen, Interpretation, Anwendung. In: Zulka KP (Hrsg) Kriechtiere,

Lurche, Fische, Nachtfalter, Weichtiere. Rote Liste gefährdeter Tiere Österreichs. Checklisten, Gefährdungsanalysen, Handlungsbedarf. Böhlau, Wien, S 11–36

Zulka KP, Eder E, Hottinger H, Weigand E (2001) Grundlagen zur Fortschreibung der Roten Listen gefährdeter Tiere Österreichs. Umweltbundesamt-Monographien, Bd. 135. Umweltbundesamt, Wien

Gesamtartenlisten und Gefährdungsgrad der Amphibien und Reptilien – Deutschland, Österreich, Schweiz

Nachfolgend werden für Amphibien und Reptilien Gesamtartenlisten für die drei behandelten Länder kombiniert. Dabei wird der Gefährdungsgrad gemäß der aktuellen staatenbezogenen Roten Listen aufgeführt. Außerdem wird der Status gemäß der Fauna-Flora-Habitat-Richtlinie der EU (FFH-RL) angegeben. Letztere gilt nur für Deutschland und Österreich, nicht für die Schweiz, da sie kein EU-Mitglied ist.

15.1 Amphibien

Tab. 15.1 Die Amphibien und ihr Gefährdungsgrad in den drei behandelten Ländern. Die Abkürzungen bedeuten: D = Deutschland, Ö = Österreich, Sch = Schweiz. Es bedeuten: X = kommt hier vor, (X) = künstlich angesiedelt oder eingeschleppt. RL = Rote-Liste-Status (* = ungefährdet), FFH-RL = Anhänge gemäß Fauna-Flora-Habitat-Richtlinie der EU (FFH-RL). Diese Angaben sind nur für die EU-Länder (D, Ö) möglich. Definition der Gefährdungskategorien siehe Kap. 14

Art	D	RL	Ö	RL	Sch	RL	FFH-RL Anmerkungen
Alpensalamander *Salamandra atra*	X	*	X	Potenziell gefährdet (NT)	X	LC	IV
Feuersalamander *Salamandra salamandra*	X	*	X	Potenziell gefährdet (NT)	X	VU	

© Springer-Verlag GmbH Deutschland, ein Teil von Springer Nature 2018
D. Glandt, *Praxisleitfaden Amphibien- und Reptilienschutz*,
https://doi.org/10.1007/978-3-662-55727-3_15

Tab. 15.1 (Fortsetzung)

Art	D	RL	Ö	RL	Sch	RL	FFH-RL Anmerkungen
Teichmolch *Lissotriton vulgaris*	X	*	X	Potenziell gefährdet (NT)	X	2	Als *Triturus vulgaris*
Fadenmolch *Lissotriton helveticus*	X	*	X		X	VU	Als *Triturus helveticus*; in Ö nur lokal (Vorarlberg)
Bergmolch *Ichthyosaura alpestris*	X	*	X	Potenziell gefährdet (NT)	X	LC	Als *Triturus alpestris*
Nördl. Kammmolch *Triturus cristatus*	X	V	X	2	X	2	II und IV
Alpen-Kammmolch *Triturus carnifex*	Nicht bewertet		X	VU	X	2	II und IV
Donau-Kammmolch *Triturus dobrogicus*	Fehlt		X	2	Fehlt		II
Nördl. Geburtshelferkröte *Alytes obstetricans*	X	3	Fehlt		X	2	IV
Rotbauchunke *Bombina bombina*	X	2	X	VU	Fehlt		II und IV
Gelbbauchunke *Bombina variegata*	X	2	X	VU	X	2	II und IV
Westl. Knoblauchkröte *Pelobates fuscus*	X	3	X	2	Fehlt		IV
Erdkröte *Bufo bufo*	X	*	X		X		
Kreuzkröte *Epidalea calamita*	X	V	X	1	X	2	IV (als *Bufo calamita*)
Wechselkröte *Bufotes viridis*	X	3	X	VU	Fehlt		IV (als *Bufo viridis*)
Europäischer Laubfrosch *Hyla arborea*	X	3	X	VU	X	2	IV
Italienischer Laubfrosch *Hyla intermedia*	Fehlt		Fehlt		X	2	

Tab. 15.1 (Fortsetzung)

Art	D	RL	Ö	RL	Sch	RL	FFH-RL Anmerkungen
Moorfrosch *Rana arvalis*	X	3	X	VU	Fehlt		IV
Grasfrosch *Rana temporaria*	X	*	X	Potenziell gefährdet (NT)	X		
Springfrosch *Rana dalmatina*	X	*	X	Potenziell gefährdet (NT)	X	2	IV
Italienischer Springfrosch *Rana latastei*	Fehlt		Fehlt		X	VU	II und IV
Kleiner Wasserfrosch *Pelophylax lessonae*	X	G	X		X	VU	IV (als *Rana lessonae*)
Teichfrosch *Pelophylax „esculentus"*	X	*	X		X	Potenziell gefährdet (NT)	(als *Rana esculenta*)
Seefrosch *Pelophylax ridibundus*	X	*	X		Nicht bewertet		(als *Rana ridibunda*)
Nordamerikanischer Ochsenfrosch *Lithobates catesbeianus*	Nicht bewertet		Fehlt		Fehlt		(als *Rana catesbeiana*)
Summe	22		20		20		

15.2   Reptilien

Tab. 15.2 Die Reptilien und ihr Gefährdungsgrad in den drei behandelten Ländern. Die Abkürzungen bedeuten: D = Deutschland, Ö = Österreich, Sch = Schweiz. Es bedeuten: X = kommt hier vor. RL = Rote-Liste-Status, FFH-RL = Anhänge gemäß Fauna-Flora-Habitat-Richtlinie der EU (FFH-RL). Diese Angaben sind nur für die EU-Länder (D, Ö) möglich

Art	D	RL	Ö	RL	Sch	RL	FFH-RL Anmerkungen
Europäische Sumpfschildkröte *Emys orbicularis*	X	1	X	1	X	1	II und IV (neben natürlichen Reliktvorkommen vielfach eingeschleppte Tiere)
Blindschleiche *Anguis fragilis*	X	*	X	Potenziell gefährdet (NT)	X	LC	
Kroatische Gebirgseidechse *Iberolacerta horvathi*	Fehlt		X	VU	Fehlt		
Zauneidechse *Lacerta agilis*	X	V	X	Potenziell gefährdet (NT)	X	VU	IV
Westliche Smaragdeidechse *Lacerta bilineata*	X	2	Fehlt		X	VU	? (die beiden Smaragdeidechsen wurden als *Lacerta viridis* zusammen behandelt)
Östliche Smaragdeidechse *Lacerta viridis*	X	1	X	2	Fehlt		Siehe vorstehende Art
Mauereidechse *Podarcis muralis*	X	V	X	2	X	LC	IV
Waldeidechse *Zootoca vivipara*	X	*	X	Potenziell gefährdet (NT)	X	LC	

Tab. 15.2 (Fortsetzung)

Art	D	RL	Ö	RL	Sch	RL	FFH-RL Anmerkungen
Schlingnatter *Coronella austriaca*	X	3	X	VU	X	VU	IV
Gelbgrüne Zornnatter *Hierophis viridiflavus*	Fehlt		Fehlt		X	2	IV (als *Coluber viridiflavus*)
Ringelnatter *Natrix natrix*	X	V	X	Potenziell gefährdet (NT)	X	VU	
Vipernatter *Natrix maura*	Fehlt		Fehlt		X	1	
Würfelnatter *Natrix tessellata*	X	1	X	2	X	2	IV
Hornotter *Vipera ammodytes*	Fehlt		X	1	Fehlt		IV
Aspisviper *Vipera aspis*	X	1	Fehlt		X	Je nach Unterart 1, 2 oder VU	
Kreuzotter *Vipera berus*	X	2	X	VU	X	2	
Äskulapnatter *Zamenis longissimus*	X	2	X	Potenziell gefährdet (NT)	X	2	IV (als *Elaphe longissima*)
Summe	13		13		14		

Literaturtipps

Bundesamt für Naturschutz (2009) Rote Liste gefährdeter Tiere, Pflanzen und Pilze Deutschlands, Bd. 1: Wirbeltiere. Naturschutz und Biologische Vielfalt 70 (1). Bundesamt für Naturschutz, Bonn-Bad Godesberg, S 1–386

Bundesamt für Umwelt, Wald und Landschaft (BUWAL), Koordinationsstelle für Amphibien- und Reptilienschutz in der Schweiz (KARCH) (2005) Rote Liste der gefährdeten Arten der Schweiz. Reptilien. BUWAL, KARCH, Bern

Gollmann G (2007) Rote Liste der in Österreich gefährdeten Lurche (Amphibia) und Kriechtiere (Reptilia). Umweltbundesamt, Wien

Ludwig G, Haupt H, Gruttke H, Binot-Hafke M (2009) Methodik der Gefährdungsanalyse für Rote Listen. In: Bundesamt für Naturschutz (Hrsg) Rote Liste gefährdeter Tiere, Pflanzen und Pilze Deutschlands, Bd. 1, Wirbeltiere. Naturschutz und Biologische Vielfalt 70 (1). Bundesamt für Naturschutz, Bonn-Bad Godesberg, S 23–71

Meyer A, Zumbach S, Schmidt B, Monney J-C (2009) Auf Schlangenspuren und Krötenpfaden. Amphibien und Reptilien der Schweiz. Haupt, Bern

Ministerium für Klimaschutz, Umwelt, Landwirtschaft, Natur- und Verbraucherschutz des Landes Nordrhein-Westfalen (Hrsg) (2015) Geschützte Arten in Nordrhein-Westfalen. Vorkommen, Erhaltungszustand, Gefährdungen, Maßnahmen. Ministerium für Klimaschutz, Umwelt, Landwirtschaft, Natur- und Verbraucherschutz des Landes Nordrhein-Westfalen, Düsseldorf (siehe auch Internet: www.nrw.de)

Rat der Europäischen Gemeinschaften (1992) Richtlinie 92/43/EWG des Rates vom 21. Mai 1992 zur Erhaltung der natürlichen Lebensräume sowie der wildlebenden Tiere und Pflanzen

Schmidt B, Zumbach S (2005) Rote Liste der gefährdeten Arten der Schweiz. Amphibien. Bundesamt für Umwelt, Wald und Landschaft (BUWAL), Koordinationsstelle für Amphibien- und Reptilienschutz in der Schweiz (KARCH), Bern, Neuchâtel

Zulka KP, Eder E (2007) Zur Methode der Gefährdungseinschätzung: Prinzipien, Aktualisierungen, Interpretation, Anwendung. In: Zulka KP (Hrsg) Rote Liste gefährdeter Tiere Österreichs. Checklisten, Gefährdungsanalysen, Handlungsbedarf. Teil 2: Kriechtiere, Lurche, Fische, Nachtfalter, Weichtiere. Böhlau, Wien, S 11–36

Zulka KP, Eder E, Hottinger H, Weigand E (2001) Grundlagen zur Fortschreibung der Roten Listen gefährdeter Tiere Österreichs. Umweltbundesamt-Monographien, Bd. 135. Umweltbundesamt, Wien

Teil II

Artkapitel – mit besonderer Berücksichtigung praktischer Schutz-, Hilfs- und Fördermaßnahmen

16.1 Alpensalamander – *Salamandra atra*

Namen

Der deutsche Artname weist auf das schwerpunktmäßige Vorkommen in den Alpen hin, der wissenschaftliche Artname auf die einheitliche schwarze Färbung (lat. *atra* = schwarz).

Merkmale

Bis 15 cm lang werdender, schlanker, lack- oder braunschwarz gefärbter Landsalamander (Abb. 16.1) mit großen Ohrdrüsen (Parotoide). Beiderseits der Rückenmitte und entlang der Körperseiten verläuft eine Reihe halbkugelförmiger, mit kleinen Drüsenöffnungen versehene Wärzchen. Geschlechter äußerlich schwer unterscheidbar. In der Paarungszeit haben die Männchen eine etwas stärker gewölbte Kloake als die Weibchen.

Verbreitung

Von der Südwestschweiz bis in die Nähe von Wien, jedoch nur in den höheren Alpenlagen. In Deutschland im südlichsten Bayern und Südosten Baden-Württembergs.

© Springer-Verlag GmbH Deutschland, ein Teil von Springer Nature 2018
D. Glandt, *Praxisleitfaden Amphibien- und Reptilienschutz*,
https://doi.org/10.1007/978-3-662-55727-3_16

Abb. 16.1 Alpensalamander sind unabhängig von Gewässern, da die Weibchen voll entwickelte Jungtiere gebären. Das Bild zeigt ein Weibchen mit einem Jungtier. (Foto K. Grossenbacher)

Lebensräume

Spezialisierte Hochgebirgsart, die in Höhen von 400 bis 2500 m ü. NN lebt, meist in lichten Buchen- und Mischwäldern. Oberhalb der Waldgrenze in Zwergstrauchheiden und auf Almweiden. Da fertig entwickelte, bereits metamorphosierte Junge geboren werden, benötigt die Art keinerlei Gewässer.

Lebensweise

Je nach Höhenlage beträgt die jährliche Spanne der oberirdischen Aktivität nur fünf Monate (Mai bis September). Bis zu sieben Monate können die Tiere wegen der Schneedecke nicht an die Oberfläche kommen. Den größten Teil des Tages halten sie sich verborgen, z. B. unter Totholz und Steinen. Die Fortpflanzung ist eine Anpassung an das Hochgebirge mit seinen zu kalten Gewässern. Die Weibchen gebären zwei voll entwickelte, lungenatmende Jungsalamander. Aus den Eiern entwickeln sich Larven, die ihre gesamte Entwicklung bis zum lungenatmenden Tier im Mutterleib durchlaufen. Nahrung: Käfer und deren Larven, Springschwänze, Eintagsfliegen, Schmetterlinge (Raupen), Ameisen, Asseln, Spinnen, Regenwürmer, Schnecken und andere Kleintiere. Feinde: Rabenvögel (Elster, Kolkrabe, Eichelhäher, Alpendohle), Igel, Kreuzotter, Ringelnatter.

Beobachtungstipps

Von Juni bis August hohl liegende Steinplatten und morsche Holzstücke umdrehen (anschließend wieder genauso zurücklegen!). Auf Almweiden oberhalb der Waldgrenze im Umfeld von Steinhaufen und Schuttkegeln nach den Tieren suchen. Besonders gut nach Gewitterregen zu beobachten, wenn sie ihren Unterschlupf in großer Zahl verlassen.

Gefährdung

Status FFH-Richtlinie: streng zu schützende Art von gemeinschaftlichem Interesse (Anhang IV).

Rote Liste Deutschland: nicht gefährdet, jedoch sehr selten. Österreich: nicht gefährdet. Schweiz: nicht gefährdet.

Gefährdungsursachen

- Straßentod
- Dichte Fichtenaufforstungen
- Die globale Erwärmung könnte langfristig die Hochgebirgsart zurückdrängen.

Schutzmaßnahmen

- Naturnahe Waldbewirtschaftung, vor allem keine Fichten-Monokulturen anlegen!
- Totholz liegen lassen!

Abb. 16.2 Steinhaufen mit gut entwickelter Vegetation als Tageseinstand des Alpensalamanders. (Foto A. Meyer)

- Steinhaufen liegen lassen oder neu anlegen! (Abb. 16.2)
- Maßnahmen gegen den Straßentod sind schwierig, da plötzlich auftretende (Massen-)Wanderungen kaum vorhersehbar sind. Bei Wanderungsschwerpunkten sollten vorübergehende Fangzäune in Verbindung mit Eimerfallen für einen Schutz sorgen!
- Flächen mit großen Beständen sollten unter gesetzlichen Schutz gestellt werden!
- Gegen die globale Erwärmung helfen nur internationale Bemühungen!

16.2 Feuersalamander – *Salamandra salamandra*

Namen

Früher warf man Feuersalamander ins Feuer, in der Annahme, sie würden es löschen oder könnten als eines der vier Elementarwesen im Feuer leben. Der wissenschaftliche Gattungs- und Artname bedeutet Salamander (lat. *Salamandra*).

Merkmale

Bis über 20 cm lang werdend. Kräftig gebaut mit flachem breitem Kopf und deutlich hervorstehenden Augen. Hinter dem Kopf große Ohrdrüsenwülste (Parotoide). Von diesen ausgehend erstreckt sich auf beiden Seiten der Rückenmitte jeweils eine längs verlaufende Drüsenreihe, die bis auf die Schwanzoberseite reicht. Auf glänzend-schwarzem Untergrund finden sich gelbe Flecken, Streifen oder Bänder (Abb. 16.3 und 16.4). Männchen mit deutlich vorgewölbter Kloakenregion, die bei den Weibchen und Jungtieren flach ist. Die bis zu 6 cm langen Larven weisen auf der dunklen Oberseite der Beinansätze helle Flecken auf.

Verbreitung

In Mitteleuropa vor allem in bewaldeten Mittelgebirgen, bis ins Hochgebirge reichend. Im Norddeutschen Tiefland isolierte Vorposten (nördlich bis in die Nähe von Hamburg).

Lebensräume

Feuchte Laubmischwälder, besonders mit Buchen. Die Larven werden in schattige Quellbäche mit Ruhigwasserzonen abgesetzt oder in Wegerinnen, Tümpeln, Pfützen und ähnlichen Kleingewässern. Wichtig ist, dass sie fischfrei sind (keine Forellen).

Lebensweise

Im behandelten Gebiet Hauptaktivitätsmonate März bis Oktober, in kältegeschützten Höhlungen auch Herbst- und Winteraktivität. Balz und Paarung zwischen März und September, aber auch im Spätsommer/Herbst, z. B. im Harz. Die Paarungen finden an Land statt. Die Larven, meist 20–30 je Weibchen (max. 70), werden von März bis Mai,

Abb. 16.3 Feuersalamander (*Salamandra salamandra*) sind in Mitteleuropa mit zwei Unterarten vertreten. **a** Abgebildet ist ein Tier der im östlichen und südlichen Teil der Region vertretenen Unterart *Salamandra salamandra salamandra*, die sich durch unregelmäßig angeordnete gelbe Flecken auszeichnet. Das Bild zeigt ein Tier aus dem Tessin. (Foto K. Grossenbacher). **b** Die im westlichen Teil Mitteleuropas vorkommende Unterart *S. s. terrestris*, bei der die Flecken längs angeordnet sind. Das Bild zeigt ein Tier aus NW-Deutschland. (Foto D. Glandt)

Abb. 16.4 Halbwüchsiger Feuersalamander (Unterart *S. s. terrestris*) aus dem südwestlichen Niedersachsen, bei dem die Flecken zu Längsbändern verschmolzen sind. (Foto D. Glandt)

gelegentlich von September bis zum Frühsommer des Folgejahres, abgesetzt (Abb. 16.5). Nahrung: Schnecken, Spinnentiere, Tausendfüßer, Regenwürmer. Die Larven erbeuten Bachfloh- und Ruderfußkrebse sowie Wasserflöhe. Feinde: Metamorphosierte Salamander werden von Igel, Wildschwein, Dachs, Waldkauz und Ringelnatter gefressen, die Larven häufig von Fischen, Molchen und verschiedenen Insektenlarven erbeutet.

Abb. 16.5 Feuersalamanderweibchen beim Absetzen der Jungtiere in der ruhigen Bucht eines kleinen Fließgewässers. Es taucht dabei Schwanz und Kloakenregion ins Gewässer und hält sich mit den Beinen am Ufer fest. (Foto T. Müllen)

Beobachtungstipps

Ab Mai Tagesverstecke unter Totholz (dickere Baumstammstücke) durch Umdrehen kontrollieren. Diese wieder vorsichtig auf ihren alten Platz legen. Die Salamander kurz davor absetzen, damit sie selbst ihr Versteck wieder aufsuchen können. In feuchten Frühsommernächten den Waldboden und Wald- und Forstwege mit der Taschenlampe nach herumlaufenden Salamandern absuchen. Die Larven können im Frühsommer, manchmal im Herbst/Winter, in ruhigen Buchten kleiner, fischfreier Quellbäche beobachtet werden. Nachts lassen sie sich durch Ableuchten der Bäche mit einer Taschenlampe nachweisen (helle Flecken an den Hinterbeinansätzen).

Die metamorphosierten Salamander lassen sich mittels Digitalfotografie über das individuelle Muster gelber Flecken und Streifen erfassen.

Gefährdung

Status FFH-Richtlinie: nicht gefährdet. Rote Liste Deutschland: nicht gefährdet. Isolierte Vorposten im Tiefland sind besonders zu beachten. Rote Liste Österreich: nicht gefährdet. Schweiz: gefährdet (*vulnerable*).

Gefährdungsursachen

- Bach- und Grabenräumungen
- Ausbau von Bächen
- Besatzmaßnahmen mit Forellen
- Lebensraum-Zerschneidung durch Straßen
- Fahrbetrieb auf Forstwegen
- Gewässerversauerung
- Entnahme von Tieren zur Terrarienhaltung
- Dichte Fichtenaufforstungen
- Verluste durch Austrocknen kleiner Bäche (trockene Frühjahre und Sommer)
- Wenn Bäche bei Starkregenereignissen als Vorfluter genutzt und Mengen von Regenwasser eingeleitet werden, kann es zur Verdriftung der Larven in unterhalb gelegene, nicht optimale Bachbereiche (Fische) kommen
- Isolation einzelner Vorkommen, vor allem im Tiefland

- Eine gravierende Gefährdung geht von einem mikroskopischen Hautpilz, *Batrachochytrium salamandrivorans* (*Bsal*), aus. Er ist genetisch verschieden von dem häufigen und fast schon weltweit verbreiteten Chytridpilz (*Batrachochytrium dendrobatidis*, *Bd*).

Schutzmaßnahmen

- Naturnahe Waldbewirtschaftung, Förderung von Laub- und Mischwäldern, keine reinen Fichtenaufforstungen.
- Renaturierung von Bächen und Quellen.
- Sicherung, ggf. Neuanlage von Kolken.
- Verzicht auf Unterhaltungsmaßnahmen an Waldbächen.
- Instandsetzung wegbegleitender Gräben und Regenwassersammlern an Waldwegen.
- Liegenlassen von Totholz.
- Nach Absterben einzelner Bäume die entstandenen Lichtungen freilassen und nicht aufforsten.
- Bei stärkeren Wanderungen über vielbefahrene Straßen Minimierung von Straßentod durch temporäre Fangzäune in Kombination mit Eimerfallen.
- Keine Wildtierentnahme für terraristische Zwecke, sich um Nachzuchttiere anderer Terrarianer bemühen (ggf. über das Internet).
- Gegen die Gewässerversauerung helfen nur internationale Bemühungen zwecks Reduzierung saurer Immissionen!
- Schwierig ist der Umgang mit dem neuen Pilz *Bsal*. Eine Weiterausbreitung ist zu vermeiden. Im Gelände die Salamander möglichst nicht anfassen, allenfalls mit Gummihandschuhen (Nitrilhandschuhe, blau), die sorgfältig zu entsorgen sind. Auf keinen Fall in einer anderen Salamanderpopulation ungeschützt Tiere berühren, weil mit feuchten Händen die Sporen der Pilze übertragen werden.

16.3 Bergmolch – *Ichthyosaura alpestris*

Namen

Der deutsche Artname weist auf häufiges Vorkommen im Bergland hin, der wissenschaftliche Artname auf das in den Alpen. Der wissenschaftliche Gattungsname stammt aus dem Griechisch-Lateinischen und bedeutet „Fischsaurier".

Merkmale

Bis 9 cm (Männchen) bzw. 12 cm (Weibchen) lang werdender Wassermolch mit blau-grauer Oberseite. In Landtracht tief dunkelblau bis schwärzlich, dabei trockene, samtartige, nicht glänzende Haut. Unterseite leuchtend orangerot. Bauch ungefleckt, Kehle einfarbig oder spärlich gefleckt. Männchen an den Kopfseiten und Flanken auf weißlichem Untergrund unregelmäßige schwarze Flecken, darunter himmelblaues Längsband. In der Paarungszeit mit niedrigem Hautsaum auf dem Rücken, der abwechselnd gelb bis beigefarben und schwarz gefleckt ist (Abb. 16.6). Kloakenregion bohnenförmig mit dunklen Flecken. Weibchen oberseits blaugrau mit dunklem Netzmuster (Abb. 16.7). Ohne Hautsaum. Kloakenregion konisch auslaufend und hell-orangefarben. Jungtiere oberseits dunkel, schwarz-blau, mit orange-rötlichem Mittelstreifen in Nacken und vorderer Körperhälfte.

Abb. 16.6 Das Männchen des Bergmolches ist im Paarungskleid während der Wasserphase ein Juwel unter den heimischen Molchen. (Foto B. Trapp)

Abb. 16.7 Die Weibchen des Bergmolches in Landtracht haben oberseits ein hübsches Netzmuster auf hellem Untergrund. (Foto B. Trapp)

Verbreitung

Im gesamten Gebiet weit verbreitet, vorzugsweise im Mittelgebirge, aber auch im Hochgebirge (Österreich bis 2400 m ü. NN). Im Norddeutschen Tiefland nur regional vorkommend.

Lebensräume

Wälder, aber auch wenig bewaldete Landschaften, z. B. Gründlandflächen. Gelaicht wird in Pfützen, wassergefüllten Wagenspuren, Gräben, Wildschwein- und Rothirschsuhlen, Weihern und Teichen bis zu kleineren Seen. Auch in Gartenteichen manchmal häufig. Die Gewässer können im Voll- oder Halbschatten oder sonnenexponiert liegen, pflanzenarm oder dicht verkrautet sein.

Lebensweise

Im Tiefland und in milden Jahren suchen die Erwachsenen schon im Februar ihre Laichgewässer auf, in höheren Lagen verschiebt sich das Einwandern in die Gewässer bis in den Juni. Die zu dieser Zeit besonders prächtig aussehenden Männchen verfolgen die Weibchen und wedeln sie ausdauernd an. Einige Zeit nach der Übernahme der Samenmasse legen die Weibchen, meist nachts, 70 bis 390 Eier ab, die einzeln in Unterwasserpflanzen eingewickelt oder an Falllaub, Äste oder Steine geheftet werden. Die sich daraus entwickelnden Larven erreichen 3–5 cm Länge, vollenden im August/September ihre Umwandlung und gehen an Land. Die meisten Bergmolche verbringen den Winter frostgeschützt an Land. Ein Teil der Tiere wandert jedoch im Herbst wieder zum Laichgewässer zurück, um hierin zu überwintern. Vielerorts Wasserüberwinterung der Larven. Im Alpenraum (z. B. Tirol) können ganze Populationen mittels Kiemen (Neotenie = Erlangen der Geschlechtsreife mit äußeren Kiemen) angetroffen werden. Nahrung: Wasserinsekten und deren Larven (vor allem Mücken), Eintags- und Köcherfliegen, kleinere Krebse (Wasserflöhe), Wasserschnecken, Eier und Larven von Fröschen sowie ins Wasser gefallene Raupen, Käfer u. a. Feinde: Wasserspitzmäuse und verschiedene Vögel wie der Graureiher stellen ihnen nach. In Bergbächen sind Forellen bedeutende Feinde.

Beobachtungstipps
Im Frühjahr kann das Balzverhalten in der flachen Uferzone mit klarem Wasser von Tümpeln und kleinen Weihern oder im eigenen Gartenteich beobachtet werden, besonders nachts. Ab Juni/Juli lassen sich tagsüber Alt- und Jungtiere in Landtracht unter Steinen, Brettern, Totholz usw. im Umfeld der Laichgewässer und in feuchten Laub- und Mischwäldern nachweisen.

Gefährdung
Status FFH-Richtlinie: ungefährdet. Rote Liste Deutschland, Österreich und Schweiz: ungefährdet.

Gefährdungsursachen
Fischbesatzmaßnahmen, besonders in von Natur aus fischfreien Alpenseen mit großen, bedeutenden Bergmolchpopulationen und in Bachstauen der Mittelgebirge. Auch das Durchfahren von wassergefüllten Wagenspuren auf Forstwegen zur Unzeit (Frühjahr) kann zur Dezimierung beitragen. Im Alpenraum werden ganze Teiche als „Beschneiungsteiche" leergepumpt, um die Schneekanonen „zu füttern" (siehe Landmann 2016). Das kann bei Populationen mit neotenen Tieren, die ständig im Wasser leben, zu starken Bestandseinbußen führen.

Schutzmaßnahmen

- Schutz von Kleingewässern, extensiv genutztem Grünland, Hecken und naturnahen Laubwäldern
- Vermeidung der Vermüllung der Landschaft
- Verzicht von Fischbesatzmaßnahmen (z. B. mit Forellen)
- Neuanlage und Pflege älterer Laichgewässer
- Anlage naturnaher Gartenteiche
- Schutz wassergefüllter Wagenspuren, Durchfahren (auch zu Pflegemaßnahmen) nur im Herbst/Winter
- Sicherung von Quellsümpfen in Gebirgswiesen und lichten Wäldern
- Lokal können Maßnahmen zur Verhinderung von Straßentod erforderlich sein, bei Bedarf mittels Fangzaun in Kombination mit Eimerfallen.
- Gewässer mit großen Populationen neotener Tiere nicht als Beschneiungsteiche nutzen!
- Im Umfeld von Gartenteichen mit Bergmolchvorkommen Absicherung von Keller- und Lichtschächten, die zu Todesfallen werden können.

16.4 Fadenmolch – *Lissotriton helveticus*

Namen

Der deutsche Name weist auf den längeren, deutlich vom Schwanzende abgesetzten fadenförmigen Fortsatz der Männchen im Hochzeitskleid hin, der wissenschaftliche Artname darauf, dass die Art erstmals in der Schweiz entdeckt wurde.

Merkmale

Bis ca. 9,5 cm lang werdender, zierlich gebauter Wassermolch. Oberseits grünlich-braun oder olivenfarben mit verwaschenen dunklen Flecken. An den Kopfseiten und durch das Auge zieht beidseits ein breiter dunkler Streifen. Kehle fleischfarben, fleckenlos (beim Teichmolch gefleckt). Auch der Bauch meist ohne Flecken, regional jedoch mit dunkelbraunen Tupfern. Oberhalb der Hinterbeinwurzeln mit hellem senkrechten

Streifen. Männchen in der Paarungszeit (Frühjahr) mit niedrigem, ungewelltem Hautsaum auf dem Rücken, der auf der Schwanzoberseite an Höhe gewinnt. Schwanzende abrupt endend, mit einem aufgesetzten, bis ein Zentimeter langen dunklen Faden (Abb. 16.8). Am Übergang des Rückens zu den Flanken jeweils eine längs verlaufende, leistenartig vorspringende Hautfalte (Abb. 16.8), deshalb auch „Leistenmolch" genannt. Unterer Schwanzsaum mit gelblichem Längsband. Zehen der Füße mit dunklen Schwimmsäumen. Kloake bohnenförmig gewölbt. Weibchen ohne Hautsaum auf dem Rücken, Schwanzsäume deutlich niedriger als bei den Männchen. Der Schwanz endet leicht abgerundet, worauf eine sehr kleine Spitze ansetzt (Abb. 16.9). Dunkle Schwimmhäute fehlen. Kloake gelblich gefärbt. Die Jungtiere ähneln den Weibchen. In Landtracht (Sommermonate) findet sich oberseits auf dunkelbraunem Untergrund im vorderen Körperbereich bei Weibchen und jüngeren Tieren eine gelbliche Mittellinie.

Verbreitung
Westliches Mitteleuropa, östlich der Elbe nur lokal. Fehlt in Österreich bis auf einen neuerlichen Nachweis in Vorarlberg.

Lebensräume
Eine Art der bewaldeten Mittelgebirgsregionen. Sommerlebensräume und Winterquartiere in Laub- und Mischwäldern mit kühlem, feuchtem Klima. Die wenig bewaldete Agrarlandschaft wird weitgehend gemieden. Als Laichgewässer dienen stehende, auch sehr flache und kleine, sowie langsam fließende, im Wald oder in Waldnähe liegende Gewässer unterschiedlicher Größe, vor allem wassergefüllte Wagenspuren, Suhlen, Quelltöpfe und quellnahe Bachläufe, kleinere und größere Weiher sowie Teiche bis zu Seeuferbereichen und Talsperren.

Lebensweise
Fadenmolche suchen ihre Laichgewässer manchmal schon im Februar auf und beginnen im März mit der Balz. Die Weibchen wickeln ca. 300–500 Eier einzeln in die Blättchen von Wasser- und Sumpfpflanzen. Ab Juni wandern die Tiere in ihre Landlebensräume ab. Nahrung: Kleinkrebse, Würmer, Wasserinsekten und deren Larven, z. B. Mückenlarven.

Abb. 16.8 Die Männchen des Fadenmolches haben in Wassertracht am Schwanzende einen scharf abgesetzten fadenfömigen Fortsatz. (Foto S. Bogaerts)

Abb. 16.9 Die Weibchen haben keinen Hautsaum auf dem Rücken. Die Schwanzsäume sind deutlich niedriger als bei den Männchen. Der Schwanz endet leicht abgerundet mit einer ganz kurzen kleinen Spitze. Dunkle Schwimmhäute an den Hinterfüßen fehlen. Kennzeichnend sind auch der gelbe Streifen an der unteren Schwanzkante und der kurze vertikale helle Streifen oberhalb der Hinterbeinansätze. (Foto B. Trapp)

Die Larven leben vor allem von Kleinkrebsen und Wasserinsekten. Feinde: Wasservögel, Schlangen (Ringelnatter), Fische (vor allem Forellen), Igel, Hermelin, Wiesel, Ratten, Spitzmäuse. Jungtiere werden von Spitzmäusen und Laufkäfern erbeutet.

Beobachtungstipps

Im Frühjahr lassen sich in kleinen, flachen Gewässern mit klarem Wasser Balz und Eiablage beobachten. Im Sommer tagsüber unter Totholz und anderen Verstecken auf dem Waldboden nach den Tieren suchen. Auf die gelbliche Mittellinie im vorderen Körperbereich und die fleckenlose, fleischfarbene Kehle achten.

Gefährdung

Status FFH-Richtlinie: ungefährdet.

Rote Liste Deutschland: ungefährdet. Österreich: nur lokal (Vorarlberg). Schweiz: verletzlich (*vulnerable*).

Gefährdungsursachen

- Waldumwandlung, z. B. dichte Fichtenaufforstungen
- Fischbesatzmaßnahmen (Forellen) in Bächen und Bachstauen
- Beseitigung/Befestigung von Wagenspuren; Durchfahren zur Unzeit (Frühjahr)
- Unterhaltungsmaßnahmen an Waldbächen
- Straßentod

Schutzmaßnahmen

- Naturnahe Waldbewirtschaftung, Förderung von Laub- und Mischwäldern.
- Schutz, bei Bedarf Wiederherstellung der Laichgewässer.
- Neuanlage kleiner Stillgewässer in nicht zu großer Entfernung (weniger als 1 km) bestehender Vorkommen. Hierdurch wird die Vernetzung der Populationen gefördert.
- Wassergefüllte Wagenspuren auf Forstwegen sollten erhalten bleiben. Sie sind von Zeit zu Zeit zwecks Bodenverdichtung (Staueffekt!) zu durchfahren, am besten im Herbst.

- Bei Überplanung von Wagenspuren sollten neue in der Nähe angelegt werden.
- An Waldbächen sollten keine Graben- und Böschungsräumungen erfolgen.
- Eine Sicherung der Wanderwege, wenn sie vielbefahrene Straßen kreuzen, ist geboten (mittels temporärer Fangzäune in Kombination mit Eimerfallen).
- Gewässer und ihr Umland mit großen Beständen (mehrere Hundert Erwachsene) sollten unter gesetzlichen Schutz gestellt werden.

16.5 Teichmolch – *Lissotriton vulgaris*

Namen

Der deutsche Artname weist auf das Vorkommen in Teichen und teichähnlichen Gewässern (kleine Weiher, Tümpel etc.) hin. Der wissenschaftliche Gattungsname geht auf den griechischen Meeresgott Triton (griechisch *Τρίτων*) zurück. *Lissos* ist ebenfalls griechisch und bedeutet „glatt", was auf die weniger warzenreiche Haut hinweist (im Gegensatz zu den Kammmolchen). Der wissenschaftliche Artname bezieht sich auf die weite Verbreitung und Häufigkeit der Art (lat. *vulgaris* = gemein, gewöhnlich).

Merkmale

Bis 11 cm lang werdend. Oberseits auf beigefarbenem bis hellbraunem Untergrund mit dunkelbraunen rundlichen Flecken (Abb. 16.10). Jederseits zwei dunkle Längsstreifen an den Kopfseiten und ein 5. Streifen auf der Kopfoberseite (manchmal auch „Streifenmolch" genannt). Bauch beider Geschlechter mit orangefarbener Mittelzone. Darauf finden sich bei den Männchen große dunkle rundliche Flecken. Kehle mit größeren dunkelbraunen, unregelmäßigen Flecken auf hellem Grund (Abb. 16.11). In der Paarungszeit mit auffälligem „Hochzeitskleid", vor allem gewelltem hohen Hautsaum auf Rücken und Schwanzoberseite sowie Hautsäumen an den Zehen der Hinterfüße. Weibchen mit kleineren Flecken auf Kehle und Bauch, ohne Rückensaum und Hautsäumen an den Zehen der Hinterfüße (Abb. 16.11).

Abb. 16.10 Die Männchen des Teichmolches haben in der Paarungszeit (Frühjahr) einen hohen, gewellten Rückensaum, der ohne Einbuchtung in den ebenso gewellten oberen Schwanzsaum übergeht. Die Schwanzspitze läuft allmählich aus. (Foto S. Bogaerts)

Dazu gehören ein hoher, gewellter oder leicht gezackter Hautsaum auf Rücken und Schwanzoberseite, bläuliche und orangefarbene Längsstreifen auf dem unteren Schwanzsaum sowie breite, dunkle Hautsäume an den Zehen. Der Schwanz läuft allmählich spitz aus. Die bohnenförmig gewölbte Kloakenregion ist dunkel gefärbt. Die Weibchen sind meist etwas kleiner (max. ca. 10 cm) als die Männchen. Oberseits zeigen sie auf hellem gelblich-bräunlichem Grund verwaschene gräuliche Flecken. Ihre Kopfstreifen sind undeutlicher als beim Männchen ausgeprägt. Die Kloakenregion ist länglich-schmal und hell gefärbt. An der Grenze des Rückens zu den Flanken (vor allem in Landtracht) findet sich je ein schmaler dunkelbrauner Längsstreifen, der vom Nacken bis über den Schwanz verläuft. Auf Kehle und Bauch mit kleineren dunkelbraunen Flecken. Ähnlich sind die Jungtiere gefärbt.

Verbreitung

Im größten Teil Deutschlands und Österreichs vorkommend, von Meeresspiegelhöhe bis 2200 m ü. NN (Kärnten). Am häufigsten in den unteren und mittleren Höhenlagen. Im Norden der Schweiz kommt *Lissotriton vulgaris vulgaris* (Abb. 16.10) verbreitet vor, im Süden (Tessin) die Unterart *L. v. meridionalis*, auch „Südlicher Teichmolch" genannt. Das Männchen dieser Unterart hat auf dem Rücken einen allmählich anstei-

Abb. 16.11 **a** Das Männchen des Teichmolches hat auf dem Bauch große rundliche dunkle Flecken, ebenso auf der Kehle, wo sie miteinander verschmelzen können. Die Kloakenregion ist bohnenförmig gewölbt und grob dunkel gefleckt. Die Hinterfüße haben breite Hautsäume. (Foto S. Meyer). **b** Das Weibchen hat auf Kehle und Bauch kleinere dunkle Tupfer. Die Kloakenregion läuft konisch aus und ist an der Oberfläche fein dunkel pigmentiert. (Foto S. Meyer)

genden, glatten (ungewellten) Hautsaum, der auf der Schwanzoberseite stärker entwickelt ist (Abb. 16.12).

Lebensräume

Eine Vielzahl verschiedener Lebensräume, auch in Ortschaften, z. B. in Gärten, Parks und auf Friedhöfen. Als Laichgewässer dienen stehende, kleinere, sonnenexponierte, vegetationsreiche Gewässer (Tümpel, Teiche, Weiher). Doch werden auch Seeuferzonen sowie langsam fließende Gräben und Bachstaue aufgesucht. Überwintert wird meist an Land, in

Abb. 16.12 Das Männchen des Südlichen Teichmolches (*Lissotriton vulgaris meridionalis*) hat auf dem Rücken einen allmählich ansteigenden, glatten (ungewellten) Hautsaum, der auf der Schwanzoberseite stärker entwickelt ist. Leuchtend bläuliche und rötliche Farben zieren die glatten Hautsäume der Schwanzunterseiten. (Foto B. Trapp)

frostsicheren Erdhöhlen, Kellern u. ä. In manchen Populationen kehrt jedoch ein geringer Anteil im Herbst zum Gewässer zurück, um hierin zu überwintern.

Lebensweise

In milden Jahren wandern Teichmolche schon ab Februar, spätestens ab März in ihre Laichgewässer ein. Die Weibchen wickeln meist 100–300 oberseits bräunliche, unterseits helle Eier einzeln in untergetauchte Blättchen von Wasser- und Sumpfpflanzen ein. Nach der Fortpflanzung verlassen die Erwachsenen das Gewässer und leben für den Rest des Jahres an Land. Im Gewässer sind sie rund um die Uhr aktiv, verbergen sich an Land jedoch tagsüber unter Totholz, Moos, Laub, Steinen und Brettern. Nahrung: Kleinkrebse, Insektenlarven und „Würmer“. Landlebende Molche erbeuten Insekten, kleine Schnecken und Regenwürmer. Feinde: Die Larven werden von Fischen und erwachsenen Molchen erbeutet, sodann von räuberischen Wirbellosen, z. B. Gelbrandkäfer und Großlibellenlarven. Die metamorphosierten Tiere werden von vielen Vögeln, z. B. Reihern und Störchen, gefressen und in der Wasserlebensphase von

Fischen und der Ringelnatter. Auch verschiedene Säuger (Igel, Wiesel, Wanderratte, Iltis, Spitzmäuse) erbeuten Teichmolche.

Beobachtungstipps
Im März/April lässt sich das Balzverhalten in flacher Uferzone mit klarem Wasser von Tümpeln und kleinen Weihern oder im Gartenteich beobachten. Ab Juni/Juli lassen sich tagsüber Alt- und Jungtiere unter Steinen, Brettern usw. im Umfeld der Laichgewässer in Landtracht auffinden.

Gefährdung
Status FFH-Richtlinie: ungefährdet.

Rote Liste Deutschland und Österreich: ungefährdet. Schweiz: stark gefährdet (*endangered*). Die in der Südschweiz vorkommende Unterart *L. v. meridionalis* ist dort vom Aussterben bedroht.

Gefährdungsursachen

- Vermüllung, Zuschütten und Überbauung der Laichgewässer
- Belastungen mit Chemikalien, z. B. übermäßige Nährstoff- und Pestizideinschwemmungen
- Einsetzen räuberischer Fische in die Laichgewässer
- Straßentod bei den Wanderungen zwischen Laichgewässer und Landlebensraum,
- Fichtenaufforstungen an Laubwaldstandorten
- In der Schweiz wird vor allem der starke Rückgang von Kleingewässern für die kritische Situation der Art verantwortlich gemacht.

Schutzmaßnahmen

- Sicherung naturnaher Laub- und Mischwälder mit viel Totholz.
- Schutz und Wiederherstellung der Laichgewässer.
- Durch Neuanlagen von Gewässern in nicht zu großer Entfernung bestehender Vorkommen wird die Vernetzung gefördert.
- Entwicklung von Landschaftskorridoren mit geringer Nutzungsintensität (Feuchtwiesen, Sukzessionsstreifen, Bracheflächen, Hecken).
- In größeren Ackerschlägen sollten einzelne Flächen aus der Nutzung genommen werden. Diese sind von ungenutzten, von Zeit zu Zeit zu pflegenden Bracheflächen und Pufferzonen zu umgeben.

- Sicherung der Wanderwege, vor allem wenn sie vielbefahrene Straßen kreuzen. Bei starken Wanderungen Errichten von Fangzäunen in Kombination mit Eimerfallen.
- Ausgesetzte Fische, z. B. Sonnenbarsche und Goldfische, sollten aus gut besetzten Laichgewässern entfernt und in Ersatzgewässer umgesiedelt werden.
- Bei Vorkommen in Gartenteichen sollten Keller- und Lichtschächte am Haus gesichert werden, damit keine Molche hineinfallen können.
- In der Schweiz sind noch vorhandene Kleingewässer mit Teichmolchen besonders zu beobachten.
- Gewässer mit großen Populationen (mehr als 500 Erwachsene in der Wasserphase) sollten unter gesetzlichen Schutz gestellt werden.

16.6   Alpen-Kammmolch – *Triturus carnifex*

Namen

Der deutsche Artname weist auf das Vorkommen in den Alpen hin. Manchmal auch „Italienischer Kammmolch" genannt. Der wissenschaftliche Artname ist nur schwer herleitbar. Er enthält lat. *carne* = Fleisch und *fex* = Macher, was man mit Fleischmacher oder Metzger übersetzen könnte. Andererseits heißt „*carnifex*" auch Henker, Schinder, Schurke. Der Erstbeschreiber (Laurenti, 1768) äußert sich zur Namensgebung überhaupt nicht.

Merkmale

Bis 15 cm (Männchen), selten bis 18 cm (Weibchen) lang werdende Tiere mit grauer, schwarzbrauner oder olivfarbener Oberseite, worauf sich große dunkle Flecken befinden. Die Männchen haben einen mäßig gezackten Rückenkamm und nach einer Unterbrechung oberhalb der Kloakenregion einen welligen Hautsaum auf der Schwanzoberseite (Abb. 16.13). An den Flanken mit vielen weißen Pünktchen. Weibchen und Jungtiere häufig mit einer gelben Mittellinie, die vom Nacken über den Rücken bis auf die Schwanzoberseite reicht (Abb. 16.14).

Abb. 16.13 Alpen-Kammmolchmännchen haben einen mäßig gezackten Rückenkamm und nach einer Unterbrechung oberhalb der Kloakenregion einen welligen
Hautsaum auf der Schwanzoberseite. Dazu kommen weiße Flecken an den Kopfseiten sowie viele weiße Pünktchen an den Flanken. Außerdem ziert ein breiter weißer
Streifen die Schwanzseiten. (Foto K. Grossenbacher)

Abb. 16.14 Die Weibchen des Alpen-Kammmolches (hier in Landtracht) haben eine
gelbe Rückenmittellinie. (Foto S. Bogaerts)

Verbreitung

In Österreich in den Ostalpen verbreitet, mit Ausstrahlung ins Hügelland bis in den Westen der Stadt Wien. In der Schweiz ursprünglich nur Alpensüdseite (vor allem Tessin).

Lebensräume

Auwälder, Laub- und Mischwälder sowie Grünlandflächen. Ausdauernde Gewässer wie Teiche, Weiher, Altwässer werden bevorzugt, aber auch kleinere Gewässer (Gräben, Pfützen) sowie langsam fließende, verkrautete Bachläufe werden genutzt.

Lebensweise

Je nach Region leben die Tiere von Dezember bis Mai/Juni im Gewässer und suchen dann für einige Zeit das Land auf. Das Paarungsverhalten gleicht dem des Nördlichen Kammmolches. Eier und Larven sehen ebenfalls gleich aus. Nahrung: Die metamorphosierten Tiere erbeuten Insektenlarven (Libellen, Eintagsfliegen, Zweiflügler), Wasserinsekten sowie Eier und Larven von Amphibien. Die Larven fressen Kleinkrebse und Insektenlarven. Feinde: vermutlich wie beim Nördlichen Kammmolch.

Beobachtungstipps

Siehe Nördlicher Kammmolch.

Gefährdung

Status FFH-Richtlinie: Art von gemeinschaftlichem Interesse, für die besondere Schutzgebiete ausgewiesen werden müssen (Anhänge II und IV).

Rote Liste Deutschland: nicht bewertet. Rote Liste Österreich: gefährdet (*vulnerable*). Rote Liste Schweiz: stark gefährdet (*endangered*).

Alpen-Kammmolche sind leider an verschiedenen Stellen Europas künstlich angesiedelt worden, wo es früher keine gab und auch keine hingehören, so im Raum Genf auf der Alpennordseite, in England und in den östlichen Niederlanden (Veluwe), sogar auf der Azoreninsel São Miguel. Solche unsinnigen Faunenverfälschungen können unliebsame Folgen für die ursprüngliche Fauna haben. So wurden vor etwa hundert Jahren Alpen-Kammmolche bei Genf ausgesetzt, die vermutlich zu einer allmählichen Verdrängung von Nördlichen Kammmolchen der gesamten Region beigetragen haben.

Gefährdungsursachen
Trockenlegung, Zuschütten und Verschmutzung von Gewässern. Weitere Faktoren des Rückgangs siehe Abschn. 16.7 (Nördlicher Kammmolch).

Schutzmaßnahmen

- Eine grundlegend andere Einstellung zur Bedeutung und Sicherung kleinerer Gewässer ist eine wichtige Forderung zum Amphibienschutz, womit auch Kammmolchen geholfen wird.
- Vermeidung von Biotopzerstörungen und Gewässerverschmutzungen.
- Fischbesatzmaßnahmen in von Natur aus fischfreien Gewässern, z. B. kleinen Alpenseen, müssen unbedingt unterbleiben.
- Keine Wildtierentnahmen für terraristische Zwecke. Sich um Nachzuchttiere anderer Terrarianer bemühen, ggf. über das Internet.
- Flächen mit großen Beständen (mehr als 100 metamorphosierte Tiere) sollten unter gesetzlichen Schutz gestellt werden.

16.7 Nördlicher Kammmolch – *Triturus cristatus*

Namen
Der deutsche Name zielt auf die Verbreitung und den gezackten Hautkamm auf dem Rücken der Männchen während der Paarungszeit ab. Der wissenschaftliche Artname weist ebenfalls auf den Kamm hin (lat. *cristatus* = kammtragend).

Merkmale
Großer, kräftiger, bis 18 cm lang werdender Wassermolch. Die Oberseite ist blass-braun mit großen dunkleren Flecken. Unterseite gelb oder orangefarben mit großen schwarzen unregelmäßigen, scharf begrenzten Flecken. An den Körperflanken finden sich zahlreiche weiße Pünktchen, die an den Kopfseiten zu Flecken und kurzen Streifen verschmolzen sind. Die bis 16 cm langen Männchen haben in Wassertracht einen hohen,

tief gezackten Rückenkamm, der über der Schwanzwurzel stark eingebuchtet ist und sich dann in einen nur leicht gesägten oberen Schwanzsaum bis zur Schwanzspitze fortsetzt (Abb. 16.15). An den Schwanzseiten mit silbrig glänzendem Längsband. Kloakenregion bohnenförmig gewölbt und dunkel gefärbt. Die Weibchen werden bis 18 cm lang, sind ohne Rückenkamm (Abb. 16.16) und haben eine gelbliche, langgestreckte Kloakenregion.

Verbreitung

In Deutschland weit verbreitet, in der Schweiz nur im Norden und Westen. In Österreich regional, z. B. im Nordosten.

Lebensräume

Schwerpunktmäßig im Tief- und Hügelland. Besonders in der aufgelockerten Landschaft mit einer Mischung aus Gehölzstrukturen (Hecken, Waldflächen), Grünland und Ackerflächen. Auch in Abgrabungskomplexen und Flussauen. Vor allem mittelgroße und große, tiefere Gewässer (mehr als einen Meter) wie Teiche, Weiher und Altwässer dienen als Laichgewässer. Eine gut entwickelte Unterwasservegetation sowie zumindest teilweise Besonnung sind förderlich.

Lebensweise

In Mitteleuropa von März bis Oktober aktiv. In vielen Gewässern finden sich fünf bis sechs Monate lang Kammmolche. Etwa 200 weißlichcremefarbene Eier werden je Saison vom Weibchen einzeln in Wasserpflanzen eingewickelt. Nach der Fortpflanzung suchen die Tiere das Land auf. Manche Individuen kehren im Herbst zum Gewässer zurück, um hierin zu überwintern. Die meisten verbringen die kalte Jahreszeit in Erdhöhlen, unter Moos, in Steinhaufen oder morschen Baumstämmen. Nahrung: Im Gewässer fressen die Erwachsenen Wasserschnecken, kleinere Krebse, Insekten und deren Larven, Würmer, Egel sowie Kaulquappen von Fröschen und Kröten. An Land werden Regenwürmer, Landschnecken und Insekten erbeutet. Die Larven leben von Kleinkrebsen. Feinde: Flussbarsch, Hecht, verschiedene Vogelarten, Ringelnatter, Äskulapnatter und Iltis. Die Larven haben viele Feinde, neben räuberischen Wirbellosen verschiedene Vogelarten und Fische.

Abb. 16.15 Das Männchen des Nördlichen Kammmolches in Wassertracht weist einen hohen, gezackten Rückensaum auf, der auf der Schwanzoberseite in einen leicht gewellten Hautsaum übergeht. An den Körperseiten finden sich zahlreiche weißliche Punkte, die an Kopfseiten zu Flecken und Bändern verschmolzen sind. Bauch und untere Körperflanken sind gelb bis orangefarben. (Foto B. Trapp)

Abb. 16.16 Dem Weibchen des Nördlichen Kammmolches fehlt ein Hautsaum auf dem Rücken. (Foto B. Trapp)

Beobachtungstipps

Im Frühsommer sollte man nachts mit einer Taschenlampe flache Ufer-
regionen der Gewässer absuchen, da die Tiere dann aus der Tiefe der
Gewässer nach oben kommen. Im Sommer und Herbst lassen sie sich
unter feucht liegenden Brettern, Steinen, Müllteilen u. ä. in Ufernähe in
Landtracht nachweisen. Aufgrund des individuellen Fleckenmusters der
Bauchseite gut mittels Digitalfotografie zu erfassen.

Gefährdung

Status FFH-Richtlinie: streng zu schützende Art von gemeinschaftlichem
Interesse, für die besondere Schutzgebiete ausgewiesen werden müssen
(Anhang II und IV).

Rote Liste Deutschland: ungefährdet (Vorwarnliste). Rote Liste Österreich: stark gefährdet (*endangered*). Rote Liste Schweiz: stark gefährdet
(*endangered*).

Gefährdungsursachen

- Vor allem die Beseitigung von Kleingewässern setzen der Art zu und
  dünnen das Populationsnetz aus.
- In Siedlungsnähe dürfte der Wegfang der attraktiven Tiere einen
  zusätzlichen Gefährdungsfaktor darstellen. Straßentod kann zur Be-
  standsminderung beitragen.

Schutzmaßnahmen

- Durch die Aufnahme in Anhang II der Fauna-Flora-Habitat-Richtlinie der EU hat die Art eine beträchtliche Aufmerksamkeit erfahren.
  Dennoch werden ihre Laichgewässer oft vernichtet oder ihre Wander-
  routen überbaut, z. B. durch Straßenbaumaßnahmen. Als Ausgleich
  fängt man Tierkontingente weg und siedelt sie in andere Gewässer
  um („Rettungsumsiedlung", Fallbeispiel McNeill 2010).
- Der Schutz der Laichgewässer und angrenzenden Landbiotope sowie
  der Verzicht auf eine Zerschneidung der funktional zusammenhängen-
  den Gebiete müssen oberstes Gebot für einen wirkungsvollen Kamm-
  molchschutz sein.
- Sicherung naturnaher Laub- und Mischwälder mit viel Totholz.

- Durch Neuanlagen von Gewässern in nicht zu großer Entfernung (max. 1 km) bestehender Vorkommen wird die Vernetzung gefördert.
- Hierzu gehört auch die längerfristige Entwicklung von Landschaftskorridoren mit geringer Nutzungsintensität (Feuchtwiesen, Bracheflächen, Hecken).
- Weiterhin ist die Sicherung der Wanderwege, vor allem wenn sie vielbefahrene Straßen kreuzen, geboten. Bei starkem Wanderaufkommen Fangzäune mit Eimerfallen installieren, längerfristig Durchlässe in die Straßen einbauen.
- Fischbesatzmaßnahmen sollten in Gewässern mit Kammmolchen unterbleiben, da viele Fischarten die Larven erbeuten. Ausgesetzte Fische, z. B. Sonnenbarsche und Goldfische, sollten aus gut besetzten Laichgewässern entfernt und in Ersatzgewässer umgesiedelt werden.
- Verschattete Laichgewässer freistellen durch Entfernung von Gehölzen.
- Keine Entnahme von Kammmolchen für terraristische Haltung, hierzu ist Aufklärungsarbeit im Siedlungsbereich erforderlich.
- Gewässer mit großen Kammmolchbeständen (mehr als hundert Erwachsene) und ihr Umfeld sollten unter gesetzlichen Schutz gestellt werden.

16.8　Donau-Kammmolch – *Triturus dobrogicus*

Namen

Der deutsche Name leitet sich vom Vorkommen im Bereich der Donauländer ab. Darauf weist auch der wissenschaftliche Artname hin. Die Erstbeschreibung erfolgte aufgrund von Tieren aus der Dobrudscha, einer zu Rumänien gehörenden Landschaft im Donaudelta. Der wissenschaftliche Gattungsname geht auf den griechischen Meeresgott Triton ($T\rho\acute{\iota}\tau\omega\nu$) zurück.

Merkmale

Bis 14 cm (ausnahmsweise bis 17 cm) lang werdende, grazile Art der Kammmolch-Gruppe mit schmalem Kopf. Oberseits hellbraun, rotbraun oder olivfarben mit dunklen Flecken. Die Unterseite zeigt eine orangene bis ziegelrote Grundfarbe mit vielen dunklen, scharf begrenzten

Flecken, die oft symmetrisch angeordnet, manchmal zu Längsbändern verschmolzen sind (Alpen-Kammmolch mit gelblicher Unterseite und schwarzen Flecken). Die Körperflanken weisen viele kleine weiße Pünktchen auf. Die Männchen (max. 14 cm Gesamtlänge) haben eine schwarze Kehle mit zahlreichen eckigen weißen Flecken. Zur Paarungszeit ziert sie ein hoher, unregelmäßig gezackter Rückenkamm (Abb. 16.17). Die Weibchen (max. 13 cm, ausnahmsweise bis 17 cm) weisen eine kräftig gelbe bis dunkelgraue Kehle auf mit zahlreichen kleinen weißen Punkten. Weibchen und Jungtiere (auch schon weit entwickelte Larven) mit gelb-rötlicher Rückenmittellinie.

Verbreitung

In Österreich im Osten und Nordosten, auch in Teilen der Stadt Wien. Fehlt in Deutschland und der Schweiz.

Abb. 16.17 Die Männchen des Donau-Kammmolches haben einen mäßig gezackten Rückenkamm und nach einer Unterbrechung oberhalb der Kloakenregion einen welligen Hautsaum auf der Schwanzoberseite. An den Kopfseiten mit weißen Flecken und Streifen sowie an den Flanken zahlreiche weiße Pünktchen. Die Schwanzseiten sind durch einen silbrigen breiten Streifen gekennzeichnet. Die Grundfarbe des Bauches ist rötlich. Darauf finden sich große, rundliche schwarze Flecken. (Foto B. Trapp)

Lebensräume

Donau-Kammolche sind Tieflandtiere, die zwischen 100 und 350 m ü. NN vorkommen. Auwälder und Feuchtwiesen der mittleren und unteren Donau sowie das Neusiedlersee-Gebiet sind besiedelt. Als Laichgewässer dienen Teiche, Altwässer, Sümpfe und Gräben, wobei auch zeitweilig trockenfallende Gewässer angenommen werden.

Lebensweise

Kaum bekannt. Aktiv von März bis Oktober. Paarungsverhalten, Nahrung (und Feinde?) vermutlich wie beim Nördlichen Kammmolch.

Beobachtungstipps

Siehe Nördlicher Kammmolch, Abschn. 16.7.

Gefährdung

Status FFH-Richtlinie: streng zu schützende Art von gemeinschaftlichem Interesse, für die besondere Schutzgebiete ausgewiesen werden müssen (Anhang II). Rote Liste Österreich: stark gefährdet.

In jüngerer Zeit wurde eine Kartierung im Nationalpark Donauauen (Wien) durchgeführt (Schedl und Gollmann 2009). Die Zahl der Populationen ist hier in nur wenigen Jahrzehnten stark zurückgegangen. Andererseits sind die aktuellen Bestände erfreulicherweise noch recht bedeutend. So wird der Bestand in der Lobau auf mehr als 2500 adulte Tiere geschätzt, 2015 gab es in einigen Gewässern einen hohen Fortpflanzungserfolg (Gollmann, pers. Mitt.).

Gefährdungsursachen

- Aufgrund seines relativ kleinen Verbreitungsgebietes und der engen Bindung an Flussniederungen und Auenlandschaften gilt der Donau-Kammmolch als stark gefährdet. Die Regulierung von Flüssen, die daraus resultierende Beseitigung von Überschwemmungsflächen sowie die Absenkung des Grundwasserstandes führten zu Lebensraumverlusten dieser typischen Auenart und beeinträchtigen auch aktuell die Bestände. Aufgrund fehlender Dynamik bleibt die notwendige Neubildung von Gewässern aus, ältere Gewässer verlanden.

Schutzmaßnahmen

- Das Hauptproblem ist, trotz des Schutzes der Gewässer im Nationalpark Donauauen, die Eintiefung der begradigten Donau und hierdurch bedingt das Absinken des Grundwasserspiegels.
- Deshalb bleiben Überflutungen aus, wodurch keine temporären Gewässer mehr gebildet werden. Auch das Durchspülen älterer Gewässer kommt zum Erliegen.
- Handlungsbedarf wäre dringend gegeben, aber angesichts der dichten Besiedlung des Wiener Raumes und der vielen Menschen, die hier leben, ist keine grundlegende Hilfe durchsetzbar.
- Hilfsweise kann bei einigen Gewässern (wie dies beim sog. Endel-Teich auf der Donauinsel geschieht) durch künstliches Nachpumpen von Wasser das Schlimmste verhindert werden.

Literaturtipps

Verwendete Literatur

Landmann A (2016) Die Amphibien des Bezirks Kitzbühel. Natur in Tirol, Bd. 15. Amt der Tiroler Landesregierung, Abteilung Umweltschutz, Innsbruck

McNeill D C (2010) Translocation of a Population of Great Crested Newts (*Triturus cristatus*): A Scottish Case Study. Dissertation University of Glasgow. Internet: http://encore.lib.gla.ac.uk/iii/encore/record/C__Rb2840143

Schedl H, Gollmann G (2009) Erhebung des Donaukammmolches (*Triturus dobrogicus*) in der Lobau. Gutachten im Auftrag der Magistratsabteilung Umweltschutz Wien, Universität für Bodenkultur, Wien. http://www.wien.gv.at/kontakte/ma22/studien/pdf/donaukammmolch.pdf

Weiterführende Literatur

Glandt D (2011) Grundkurs Amphibien- und Reptilienbestimmung. Quelle & Meyer, Wiebelsheim

Große W-R (2011) Der Teichmolch – *Lissotriton vulgaris*. Neue Brehm Bücherei, Bd. 117. Westarp Wissenschaften, Hohenwarsleben

Große W-R, Kühnel K-D, Nöllert A (Hrsg) (2013) Verbreitung, Biologie und Schutz des Teichmolches, *Lissotriton vulgaris* (Linnaeus, 1758). Mertensiella, Bd. 19. DGHT, Mannheim (Tagungsbd)

Guex GD, Grossenbacher K (2004) *Salamandra atra* Laurenti, 1768 – Alpensalamander. In: Thiesmeier B, Grossenbacher K (Hrsg) Handbuch der Reptilien und Amphibien Europas. Schwanzlurche IIB. AULA, Wiebelsheim, S 975–1028

Hödl W, Aubrecht G (1996) Frösche, Kröten, Unken. Aus der Welt der Amphibien. Stapfia, Bd. 47. Oberösterreichisches Landesmuseum, Linz

Krone A (Hrsg) (2001) Der Kammolch (*Triturus cristatus*). Verbreitung, Biologie, Ökologie und Schutz. RANA, Sonderheft 4. Natur und Text, Rangsdorf (Tagungsbd)

Schlüpmann M, van Gelder JJ (2004) *Triturus helveticus* (Razoumowsky, 1789) – Fadenmolch. In: Thiesmeier B, Grossenbacher K (Hrsg) Handbuch der Reptilien und Amphibien Europas. Schwanzlurche IIB. AULA, Wiebelsheim, S 759–846

Schmidtler JF, Franzen M (2004) *Triturus vulgaris* (Linnaeus, 1758) – Teichmolch. In: Thiesmeier B, Grossenbacher K (Hrsg) Handbuch der Reptilien und Amphibien Europas. Schwanzlurche IIB. AULA, Wiebelsheim, S 847–967

Schorn S, Kwet A (2010) Feuersalamander. Natur und Tier, Münster

Seidel U, Gerhardt P (2016) Die Gattung *Salamandra*. Geschichte – Biologie – Systematik – Zucht. Chimaira, Frankfurt/M

Thiesmeier B (2004) Der Feuersalamander. Laurenti, Bielefeld

Thiesmeier B, Schulte U (2010) Der Bergmolch. Laurenti, Bielefeld

Thiesmeier B, Kupfer A, Jehle R (2009) Der Kammmolch. Laurenti, Bielefeld

17.1 Nördliche Geburtshelferkröte – *Alytes obstetricans*

Namen

Der deutsche Name weist darauf hin, dass das Männchen während der Laichübernahme mithilft, die Laichschnüre aus der Kloake des Weibchens zu ziehen. Auch „Glockenfrosch" genannt, da Stimme wie ein helles Glasglöckchen klingt. Heute würde man von einem kurzen, hellen Funksignal sprechen. Es gibt noch den Namen „Fesslerkröte", womit darauf abgehoben wird, dass sich das Männchen die Laichschnüre um die Hinterbeine wickelt und dann wie gefesselt aussieht.

Der wissenschaftliche Name leitet sich teils aus dem Griechischen, teils aus dem Lateinischen ab. Griechisch *„alytos"* heißt „gefesselt", Lateinisch *„obstetrix"* „Hebamme", *„obstetricans"* „bei der Geburt helfend".

Merkmale

Bis 5,5 cm lang werdender Froschlurch mit krötenähnlicher Gestalt. Pupille bei Helligkeit senkrecht-schlitzförmig („Katzenpupille", Abb. 17.1). Hinter den Augen finden sich kleine Ohrdrüsen (Parotoide). Oberseite mit rauer, warzenreicher Haut. Grundfarbe grau-braun, darauf verwa-

© Springer-Verlag GmbH Deutschland, ein Teil von Springer Nature 2018
D. Glandt, *Praxisleitfaden Amphibien- und Reptilienschutz*,
https://doi.org/10.1007/978-3-662-55727-3_17

Abb. 17.1 Männchen der Geburtshelferkröte mit um die Hinterbeine gewickeltem Eipaket. (Foto K. Grossenbacher)

schene dunkelbraune Flecken. An den Körperlängsseiten gibt es je eine Reihe größerer, hell gefärbter Warzen, nicht selten mit orangefarbener oder rötlicher Spitze. Paarungsrufe helle kurze Einzelrufe, die an ein Funksignal erinnern („Pinnggg"). Die Weibchen sind während der Fortpflanzungszeit (Früh- bis Hochsommer) an den gelblichen, durch die schwach gefärbte hintere Bauchhaut durchscheinenden Eiern zu erkennen. Eiertragende Tiere sind stets Männchen (Abb. 17.1).

Verbreitung
Mittelgebirgslagen Westdeutschlands sowie südliches Baden-Württemberg. In der Nordhälfte der Schweiz. Fehlt in Österreich.

Lebensräume
Bewaldete Mittelgebirgslagen, nach Süden bis ins Hochgebirge steigend. Wiesentäler, Steinbrüche, Steinhaufen, unverfugte Mauern im Siedlungsbereich, Sand-, Kies- und Tongruben, Industriebrachen, Abbauhalden,

Böschungen. Im Harz werden auch Schotterdämme von Stauteichen und Talsperren besiedelt. Als Larvengewässer dienen kleine Tümpel, Weiher, Teiche, Seen sowie langsam durchflossene Bachstaue, in jüngerer Zeit auch Biberteiche.

Lebensweise

In Mitteleuropa von März bis September aktiv. Zur Eiablage wird kein Gewässer aufgesucht, die Weibchen leben nach ihrer Umwandlung ausschließlich terrestrisch. Ein Weibchen gibt in einer Saison bis zu vier kurze Laichschnüre mit jeweils 20–80 Eiern ab. In einem komplizierten Manöver wickelt sich das Männchen die Schnüre um die Hinterbeine, um sie 3–6 Wochen lang mit sich herumzutragen. Wenn die Larven schlupfreif sind, beginnen sie zu zappeln. Nun begibt sich das Männchen in ein geeignetes Gewässer, wo die Quappen schlüpfen. Geburtshelferkröten sind dämmerungs- und nachtaktiv. Tagsüber in selbstgegrabenen Erdröhren, Spalten oder unter Steinen. Nahrung: Ameisen, Heuschrecken, Käfer, Wanzen, Schmetterlinge (Raupen), Regenwürmer, Nacktschnecken, Spinnen und Tausendfüßer. Feinde: Ringelnatter und einige Vogelarten (Waldkauz, Schleiereule). Im Harz ist der Waschbär der größte Feind. Die Larven werden von Molchen, Gelbrandkäfern und Großlibellenlarven erbeutet.

Beobachtungstipps

Von April bis Juni kann man bei Einbruch der Dämmerung an milden Abenden die Paarungsrufe vernehmen. Rufbereite Tiere lassen sich durch menschliches Pfeifen stimulieren. Gelegentlich können die Rufe auch tagsüber an sonnigen Tagen aus ihrem Versteck heraus vernommen werden. Tiere unterschiedlicher Größe lassen sich tagsüber durch vorsichtiges Hochheben flacher Steine nachweisen (anschließend die Steine wieder in die Ursprungslage zurückversetzen!). Larven unterschiedlicher Größe ganzjährig in tieferen Gewässern (Brunnen, Steinbruchweiher etc.), große Exemplare vor allem im April/Mai und September/Oktober.

Gefährdung

Status FFH-Richtlinie: streng zu schützende Art von gemeinschaftlichem Interesse (Anhang IV).

Rote Liste Deutschland: gefährdet. Populationen am Nordrand des Verbreitungsgebietes sind stark gefährdet. Rote Liste Schweiz: stark gefährdet (*endangered*).

Gefährdungsursachen

- Zuwachsen aufgegebener Steinbrüche oder Wiederaufnahme von Abbauarbeiten.
- Zukippen ehemaliger Feuerlöschteiche und Kleingewässer, die einst der Wasserbevorratung dienten.
- Fischbesatzmaßnahmen, vor allem mit Regenbogenforellen und Goldfischen.
- Beseitigung von Wegepfützensystemen im Rahmen der rationellen Forstwirtschaft.
- Die globale Erwärmung könnte längerfristig die Art in den Mittel- und Hochgebirgen zurückdrängen. Untersuchungen hierzu fehlen bislang.
- Ein großes Problem ist die Chytridiomykose. Dabei werden die metamorphosierten Tiere durch einen aggressiven Hautpilz, den Chytridpilz (*Batrachochytrium dendrobatidis*), befallen und sterben ab. Das kann zum Aussterben ganzer Populationen führen.

Schutzmaßnahmen

- Naturnahe Waldbewirtschaftung.
- Keine Fichten-Monokulturen anlegen!
- Freiwerdende Kleinlichtungen nicht aufforsten!
- Totholz liegen lassen, ggf. neues Holz auslegen!
- In betriebenen Kies- und Sandgruben mit größeren Vorkommen der Art sollte ein Teil der Grube ruhiggestellt bleiben. Bei allmählichem Zuwachsen müssen Pflegemaßnahmen (Gehölzbeseitigung, Abschieben des Oberbodens) erfolgen.
- Durch die Ausbreitung des Bibers, z. B. in Nordrhein-Westfalen (Nordeifel), und die Anlage vieler neuer Bachstaue durch diese Säugerart nimmt die Geburtshelferkröte örtlich wieder zu. Es bleibt zu hoffen, dass der wirtschaftende Mensch lernt, mit dem Biber zu leben, auch wenn die Holzeinschläge beträchtlich sein können.

- In Hinblick auf den Chytridpilz muss alles getan werden, die Ausbreitung nicht zu fördern. Dazu sollten die Tiere nicht mit der bloßen Hand angefasst werden, wenn überhaupt, dann nur mit Spezialhandschuhen (Nitrilhandschuhe, blau), die jedes Mal zu entsorgen sind.
- An der nördlichen Grenze des Verbreitungsgebietes sollten Flächen mit großen Beständen (mehr als 50 Erwachsene) unter gesetzlichen Schutz gestellt werden.
- Gegen die globale Erwärmung helfen nur internationale Bemühungen!

17.2 Rotbauchunke – *Bombina bombina*

Namen

Der deutsche Name weist auf die rötliche Bauchfärbung hin. Aufgrund des Vorkommens im Tiefland auch „Tieflandunke" genannt. Der Name „Unke" bedeutete ursprünglich Schlange oder Echse und wurde im 17. Jahrhundert auf Kröten übertragen. Der wissenschaftliche Name leitet sich vom Lateinischen „*bombus*" = dumpfer Schall ab und bezieht sich auf die Rufe.

Merkmale

Bis 5 cm lang werdender Froschlurch mit krötenähnlicher Gestalt, jedoch flacherem Körper und ohne Ohrdrüsen. Pupillen bei Helligkeit herzförmig (Erd-, Kreuz- und Wechselkröte quer-oval). Unterseite zu mehr als 50 % schwärzlich-grau gefärbt mit rötlichen Flecken (Abb. 17.2 rechts). Oberseite dunkelgrau, im vorderen Bereich mit grünlichen Tupfern. Dazu kommen dunkle, rundliche oder längliche Warzen, die mit dunklen Höckerchen enden. Finger- und Zehenspitzen dunkel. Männchen zur Paarungszeit an der Innenseite der Unterarme und den ersten beiden Fingern mit dunklen Brunftschwielen. Zwei innere Kehlblasen. Die stundenlangen, tagsüber und nachts zu hörenden Paarungsrufe sind ein langgezogenes „Uuuh…uuuh…uuuh". Dabei liegen die Tiere prall aufgebläht auf der Wasseroberfläche und strecken die Hinterbeine abgewinkelt von sich (Abb. 17.3). Das Weibchen heftet bis zu 300 Eier in mehreren kleinen Klümpchen an Wasser- und Sumpfpflanzen.

Abb. 17.2 Unterseite von Gelbbauchunke (**a**) und Rotbauchunke (**b**). (Foto B. Trapp)

Abb. 17.3 Rufendes Männchen der Rotbauchunke. (Foto B. Trapp)

Verbreitung

Östliches Mitteleuropa (nur stellenweise westlich der Elbe). Eine Art der Tiefländer, von Meeresspiegelhöhe bis 730 m ü. NN. In Österreich in den Tiefländern des Nordostens, Ostens und Südostens. Fehlt in der Schweiz.

Lebensräume

Wiesen, Weiden, Ackerflächen, sonnenexponierte Waldränder, Erlenbrüche, Auwälder und Röhrichtzonen sowie Überschwemmungsgebiete der Niederungen. Zum Laichen dienen sonnenexponierte, zumeist größere, ausdauernde Stillgewässer mit dichter Wasser- und Sumpfpflanzenvegetation, z. B. Feldsölle, überschwemmtes Grünland, flache Uferzonen von Seen und ehemalige Abbaugruben (Kies, Sand, Lehm, Ton).

Lebensweise

In Mitteleuropa von März bis Oktober aktiv. Dazwischen wird an Land eine Winterruhe gehalten. Fortpflanzung im Mai/Juni, in manchen Jahren mehrere Laichablagen möglich. Nahrung: Mückenlarven, Käfer, Wanzen, Ameisen, Springschwänze, Wasserasseln, Spinnentiere, Doppelfüßer und Schnecken. Feinde: Wasserspitzmäuse, verschiedene Vogelarten, z. B. Reiher, Störche, Waldkauz.

Beobachtungstipps

Von Ende April bis in den Juni lassen sich bei sonnig-warmem Wetter, nachts und tagsüber, die ausgedehnten Chöre der Männchen wahrnehmen.

Gefährdung

Status FFH-Richtlinie: streng zu schützende Art von gemeinschaftlichem Interesse, für deren Erhaltung besondere Schutzgebiete ausgewiesen werden müssen (Anhang II und IV).

Rote Liste Deutschland: stark gefährdet. Vom Aussterben bedroht sind die Populationen am Nordrand des Verbreitungsgebietes wie in Schleswig-Holstein und Niedersachsen, lokal auch in Sachsen-Anhalt und Sachsen. Österreich: gefährdet (*vulnerable*).

Gefährdungsursachen

- Für Siedlungsbereiche (z. B. Wien) sind die Verfüllung von Laichgewässern sowie Fischbesatzmaßnahmen zu nennen.
- Straßentod auf den Wanderungen zwischen den Landbiotopen und den Laichgewässern.
- Grundwasserabsenkungen, hierdurch Trockenfallen von Laichgewässern.
- Daneben trägt die Isolation einzelner Populationen zum regionalen Rückgang bei.
- Verdriften bei Hochwasser in den Auen häufig möglich.
- Wegfangen für terraristische Zwecke.

Schutzmaßnahmen

- Sicherung naturnaher Flussauen mit ausgedehnten Überschwemmungsgebieten (z. B. an der mittleren und unteren Elbe).
- Sicherung und Pflege naturnaher Laub- und Mischwälder.
- Verhinderung weiterer Grundwasserabsenkungen.
- Neuschaffung von Gewässern in Nachbarschaft zu bestehenden Vorkommen, womit die Vernetzung der Populationen gefördert werden soll.
- Verhinderung von Straßentod, bei sich anbahnenden größeren Wanderungen mithilfe eines temporären Fangzaunes in Kombination mit Eimerfallen.
- Vermeidung von Fischbesatzmaßnahmen. Im Einzelfall sollten mit Unterstützung durch örtliche Angelvereine die Fische abgefangen und in Ersatzgewässer umgesetzt werden.
- Vermeidung der Entnahme von Wildtieren für terraristische Zwecke. Sich um Nachzuchttiere anderer Terrarianer bemühen.
- Flächen mit größeren Populationen (mehr als 50 Erwachsene) sollten unter gesetzlichen Schutz gestellt werden.

Besonderheit

Im östlichen Mitteleuropa und in Österreich findet sich eine schmale, nur wenige Kilometer breite, aber stabile Zone aus Hybriden zwischen Rot- und Gelbbauchunke.

17.3 Gelbbauchunke – *Bombina variegata*

Namen

Der deutsche Name weist auf die gelbe Bauchfärbung hin. Auch der Name „Bergunke" wird verwendet, wegen des Vorkommens im Gebirge. Der wissenschaftliche Gattungsname leitet sich vom Lateinischen „*bombus*" (= dumpfer Schall) ab und bezieht sich auf die Rufe. Der Artname stammt von lat. *varius* = bunt gefärbt, schillernd, was auf die Unterseite abzielt.

Merkmale

Bis 5 cm lang werdender Froschlurch mit krötenähnlicher Gestalt, aber flacherem Körper und ohne Ohrdrüsen. Pupillen bei Helligkeit herzförmig (Erd-, Kreuz- und Wechselkröte quer-oval). Haut warzig, Warzen in der Mitte mit mehreren kleinen schwarzen Spitzen endend (Abb. 17.4). Oberseite lehm- oder olivenfarben, Unterseite zu mehr als 50 % gelb (Abb. 17.2). Innere Finger und Zehen mit gelben Spitzen. Männchen zur Paarungszeit mit dunkelbraunen Brunftschwielen an den Unterarmen und den zwei oder drei inneren Fingern. Da Schallblasen fehlen, sind die Rufe leise. Sie können mit „uuh… uuh… uuh" umschrieben werden und ähneln denen der Rotbauchunke.

Verbreitung

Eine Art des Berglandes, vor allem im Mittelgebirge (300–1000 m ü. NN). In Süddeutschland verbreitet und stellenweise häufig. Im Norden (Mittelgebirgsschwelle und Kölner Bucht) selten. In Österreich weit verbreitet, besonders in den Mittelgebirgslagen. In der Schweiz vor allem an der nördlichen Alpenabdachung.

Lebensräume

Eine der „Pionierarten" unter den heimischen Amphibien, die frisch geschaffene oder entstandene Gewässer mit spärlicher Vegetation aufsucht. In Mitteleuropa vorwiegend in vom Menschen geschaffenen Lebensräumen, in Abgrabungen, auf Industriebrachen und Truppenübungsplätzen. Natürliche Lebensräume finden sich in lichten Wäldern und in den Auen der Bäche und Flüsse, z. B. in Österreich. Laicht in kleinen, stehenden

Abb. 17.4 Gelbbauchunken sind oberseits lehmfarben gefärbt und weisen Warzen auf, die mit kleinen schwarz endenden Spitzen auslaufen. (Foto S. Bogaerts)

Gewässern, z. B. wassergefüllten Fahrspuren, Tümpeln und Pfützen. In Wäldern in Suhlen, Bachkolken und Quelltümpeln.

Lebensweise
Nach der ab September/Oktober stattfindenden Überwinterung an Land werden ab März/April die Laichgewässer aufgesucht. Die Fortpflanzung beginnt im Mai und kann sich bis Juli/August erstrecken. In dieser ausgedehnten Zeit kommt es zu Gewässerwechseln, wodurch bis zu mehrere Hundert Meter weite Wanderungen unternommen werden. Die Männchen klammern ihre Weibchen in der Lendengegend. Ein Weibchen heftet je Saison bis 170 Eier in mehreren kleinen Klümpchen an untergetauchten Grashalmen oder ähnlichen Strukturen. Nahrung: Insekten, insbesondere Käfer, Schmetterlingsraupen, Ameisen, Mückenlarven, daneben Spinnen, Milben, Asseln und Schnecken. Feinde: In kurzlebigen Gewässern kann es bei massenhaft auftretenden Rückenschwimmern zu starken Verlusten unter den Larven kommen. Bei Bedrohung, z. B. durch einen Feind, wird manchmal die Kahnstellung eingenommen (Abb. 17.5).

Abb. 17.5   Bei Gefahr nimmt die Gelbbauchunke eine merkwürdige Haltung an. Füße und Hände werden hochgebogen, sodass die leuchtend gelbe Warnfarbe sichtbar wird. Die Finger werden nach vorn gespreizt. In Seitenansicht wird der Eindruck eines Bootes erzeugt, weshalb man von „Kahnstellung" spricht. (Foto B. Trapp)

Beobachtungstipps

Im Mai/Juni tagsüber in kleinen und kleinsten Gewässern beobachten, vor allem bei sonnigem Wetter, auch verklammerte Paare. Auch die kleinen Laichklumpen an im Wasser hängenden Grashalmen sind gut zu finden. Nachts lassen sich die Rufe vernehmen. Im Sommer findet man Erwachsene, Jungtiere und Tiere anderer Altersgruppen unter Verstecken (Steine, Müllteile, Totholz).

Gefährdung

Status FFH-Richtlinie: streng zu schützende Art von gemeinschaftlichem Interesse, für deren Erhaltung besondere Schutzgebiete ausgewiesen werden müssen (Anhang II und IV).

Rote Liste Deutschland: stark gefährdet. Rote Liste Österreich: gefährdet (*vulnerable*). Rote Liste Schweiz: stark gefährdet (*endangered*).

Gefährdungsursachen

- Isolation der nördlichen Randpopulationen.
- Zuwachsen (Gehölzaufwuchs) kleiner Stillgewässer und ihres Umfeldes.
- Zuschütten von Wegspuren und Pfützen.
- Durchfahren von Wegspuren zur falschen Jahreszeit (Frühsommer).
- Absammeln durch Terrarianer/Tierhalter.

Schutzmaßnahmen

- In den nördlichen Randbereichen des Gebietes (N-Deutschland und S-Niederlande) lassen sich die letzten Vorkommen nur durch strenge Schutz-, in Verbindung mit regelmäßigen Pflegemaßnahmen erhalten.
- Die Pflegemaßnahmen sind personalintensiv, da sie kleinräumig differenziert durchzuführen sind und darauf abzielen müssen, die Laichgewässer und ihr engeres Umfeld vegetationsarm zu halten. Maschineneinsatz scheidet aus. Beweidungsversuche zwecks Reduzierung des Personalaufwandes erwiesen sich wegen der Trittbelastung als ungeeignet.
- Pflege und Offenhalten von Fahrspuren.
- Vermeidung des Absammelns durch Terrarianer/Tierhalter.
- Ein Verbund von lange wasserführenden Kleinstgewässern auf engem Raum ist anzustreben.
- Auch Folienteiche können ein Vorkommen stützen.
- Auf Truppenübungsplätzen sollten Fahrspuren angelegt werden. Im Herbst/Winter Durchfahren mit Panzern oder Kettenraupen zwecks Untergrundverdichtung.
- In Einzelfällen ist eine gesetzliche Unterschutzstellung geboten, was durch die FFH-Richtlinie ohnehin vorgegeben ist.

Besonderheit

Im östlichen Mitteleuropa und in Österreich findet sich eine schmale stabile Zone aus Hybriden zwischen Gelb- und Rotbauchunke.

17.4　Westliche Knoblauchkröte, Knoblauchkröte – *Pelobates fuscus*

Namen

Der deutsche Name rührt von dem knoblauchartigen Geruch, den die Tiere bei Beunruhigung verströmen. „Westlich" wird vorgeschlagen, weil mittlerweile auch eine Östliche Knoblauchkröte (ab Mittel-Russland ostwärts) unterschieden wird. Der wissenschaftliche Gattungsname wurde aus dem Griechischen abgeleitet (*ho pelos* = Schlamm, *bainein* = gehen), der Artname „*fuscus*" aus dem Lateinischen und bedeutet „dunkel, schwärzlich", was auf die großen dunklen Flecken der Oberseite hinweist.

Merkmale

Bis 8 cm lang werdender Froschlurch von gedrungener, krötenähnlicher Gestalt, jedoch mit glatter, warzenarmer Haut. Oberseits mit großen, unregelmäßigen, dunklen Flecken auf hellem Untergrund, die zu Längsbändern verschmolzen sein können. Außerdem kleinere, ziegelrote Flecken, bevorzugt an den Körperseiten. Pupillen bei Helligkeit katzenähnlich, senkrecht-spaltförmig (Abb. 17.6). Unterseite der Hinterfüße mit harter, weißlich-grau bis hellbraun gefärbter Grabschaufel. Hiermit können sich die Tiere rasch rückwärts in den Boden eingraben. Männchen auf der Außenseite der Oberarme mit heller nierenförmiger Drüse (Abb. 17.6). Die Paarungsrufe klingen leise, abgehackt-hölzern: klock-klock(-klock) oder wock-wock(-wock). Larven voluminös, meist 8 bis 12 cm lang, ausnahmsweise (im Falle einer Überwinterung) größer werdend. Bereits junge Tiere (ab Vollendung der Metamorphose) können verschiedene Rufe äußern.

Verbreitung

In Deutschland vorwiegend in der Norddeutschen Tiefebene. In Süddeutschland regional, z. B. im nördlichen Bayern. In Österreich in den Tiefländern im Norden, Nordosten und Südosten. Fehlt in der Schweiz.

Lebensräume

Lockere, grabfähige Böden, z. B. Dünengebiete der Küste und des Binnenlandes, Steppengebiete auf Löss. In lockeren Wäldern (Kiefer)

Abb. 17.6 Knoblauchkröten sind an der warzenarmen Haut, der senkrechten (spalt-förmigen) Pupille und den großen dunklen Flecken auf der Oberseite zu erkennen. Abgebildet ist ein Männchen, das eine helle nierenförmige Oberarmdrüse aufweist. (Foto D. Glandt)

auf Sanduntergrund. Heute besonders in vom Menschen geschaffenen Lebensräumen, z. B. Heidegebiete, Sand- und Kiesgruben, Industriebra-chen und Ackerflächen (mit Spargel, Kartoffel, Gemüse). Als Laich-gewässer dienen vor allem nährstoffreiche, gut besonnte Stillgewässer: Weiher, Teiche, Altarme der Flussauen, Wasservorratsbehälter, Wiesen-, Entwässerungs- und Straßengräben. Eine gut entwickelte Unterwas-servegetation wird benötigt. Wegen der langen Larvenentwicklung auf Gewässer mit langer Wasserführung angewiesen, doch werden auch tem-poräre Gewässer besiedelt, z. B. Druckwassertümpel in Auen, jüngere Abgrabungsgewässer.

Lebensweise

Die mehrmonatige Winterruhe wird eingegraben im Boden oder in Erdgängen verbracht. Im März kommen die Tiere hervor und sind bis September aktiv, dabei meist nur in der Nacht. Tagsüber in lockerem Boden ruhend, in den sie sich rückwärts eingraben. Zur Paarungszeit im Frühjahr auch tagaktiv. Die Männchen sitzen dann auf dem Boden flacher Gewässer und lassen ihre leisen Paarungsrufe hören. Die Weibchen heften bis zu einen Meter lange und zwei Zentimeter dicke Laichschnüre zwischen den Stengeln von Unterwasserpflanzen, in denen die oberseits dunkelgrauen 1400 bis 3400 Eier in mehreren Reihen unregelmäßig angeordnet sind (Abb. 17.7). Nahrung: Bodenlebende Käfer, vor allem Laufkäfer, Schmetterlingsraupen, Springschwänze, Spinnen, Schnecken und Regenwürmer. Die Larven leben von pflanzlichen (Algen etc.) und tierischen Organismen sowie Aas. Feinde: Waldkauz, Waldohreule, Wildschwein, Spitzmäuse. Die Larven werden von vielerlei Tieren erbeutet (Graureiher, Stockente, Fische, räuberische Wirbellose).

Abb. 17.7 Der Laich der Knoblauchkröte ist eine dicke Schnur, in der die Eier in mehreren Reihen unregelmäßig angeordnet sind. (Foto B. Trapp)

Beobachtungstipps

Wichtig ist, sich ruhig verhalten, um im Frühjahr (April) die leisen Paarungsrufe, vor allem nachts, aber auch tagsüber wahrnehmen zu können. Gut zu erfassen an Amphibienschutzzäunen, aufgestellt zwischen Überwinterungsquartieren, z. B. Äcker oder Bracheflächen mit grabfähigen Böden, und Laichgewässern. Im Frühsommer auf Laichschnüre achten, die um senkrechte Pflanzenstängel aufgespannt sind. Im Sommer nachts mit Taschenlampe nach Tieren auf der Bodenoberfläche im Umfeld der Gewässer suchen.

Gefährdung

FFH-Richtlinie: streng zu schützende Art von gemeinschaftlichem Interesse (Anhang IV).

Rote Liste Deutschland: gefährdet. Rote Liste Österreich: stark gefährdet (*endangered*).

Gefährdungsursachen

- Verfüllen der Laichgewässer.
- Grundwasserabsenkungen.
- Besatzmaßnahmen mit Raubfischen.
- Straßen- und Gullytod.
- Bodenverdichtungen im Umfeld der Laichgewässer.
- Im Rahmen fischereilicher Bewirtschaftung der Teiche Abfischen der Larven, die als Nahrungskonkurrenten betrachtet werden.
- Mechanische Verletzung oder Tötung durch Bearbeitung von Ackerflächen mit tiefreichenden Pflügen.
- Zu frühes Austrocknen der Laichgewässer.
- Einschwemmung von Pestiziden und Düngemitteln.
- Die zunehmende Isolation kleiner Populationen an der Grenze des Verbreitungsgebietes führt zur Erhöhung der Aussterbewahrscheinlichkeit.

Schutzmaßnahmen

- Besonders wichtig ist der Schutz von Lebensräumen mit noch guten, stabilen Beständen der Art (Laichgewässer und Umfeld).

- Daneben ist eine Vernetzung isolierter Vorkommen anzustreben, speziell an der nördlichen und westlichen Grenze des Verbreitungsgebietes.
- Hierzu können Neuanlagen möglichst ganzjährig wasserführender Kleingewässer in der Nähe bestehender Vorkommen beitragen.
- Die Gewässer sollten eine Tiefenwasserzone von 1,50 bis 2 m aufweisen, dabei überwiegend sonnenexponiert und außerhalb von Wäldern liegen. Der Neigungswinkel der Ufer sollte flacher als 1:3 sein.
- Im Umfeld der Laichgewässer sollten Bracheflächen, zumindest Pufferzonen von mindestens 20–30 m Breite, ausgewiesen werden, um Dünger- und Pestizideinschwemmungen zu minimieren.
- Wiedervernässung drainierter Flächen durch Anhebung des Grundwasserspiegels.
- Abschieben des Oberbodens am Ufer und im Umfeld mit grabfähigen Böden, um vegetationsfreie Flächen zu schaffen, in die sich die Tiere eingraben können (Spätsommer/Herbst).
- In Sonderfällen Entschlammung weitgehend zugewachsener oder verlandeter Laichgewässer (Herbst).
- Minimierung von Straßen- und Gullytod. Bei starken Wanderbewegungen Einsatz temporärer Fangzäune in Kombination mit Eimerfallen.
- Abfischen großer Raubfische (z. B. Hechte) in Zusammenarbeit mit örtlichen Angelsportvereinen oder Fischereiverbänden. Die Fische sind in geeignete Ausweichgewässer umzusetzen.
- Im Falle teichwirtschaftlich bedingten Abfischens (z. B. in der Lüneburger Heide) sollten die Larven in Ausweichteiche umgesetzt werden, die ausschließlich dem Artenschutz dienen.
- In einigen Gebieten (Niederlande, Dänemark, Nordrhein-Westfalen, Schleswig-Holstein) wird die Art in Gefangenschaft nachgezüchtet, um durch (Wieder-)Ansiedlungen eine Verdichtung der Populationen zu erzielen. Solche Maßnahmen können nur eine flankierende Strategie sein. Manchmal sind sie allerdings die „Rettung in letzter Not". Dabei ist auf genetische Ähnlichkeit zu achten. Umsiedlungen mit Tieren aus weit entfernt liegenden Gebieten sollten unterbleiben.
- Flächen mit großen Populationen (mehr als 50 Erwachsene, am Rande des Verbreitungsgebietes mehr als 15–20 Erwachsene) sollten unter gesetzlichen Schutz gestellt werden.

17.5 Erdkröte – *Bufo bufo*

Namen
Der deutsche Name dürfte sich auf die erdfarbene Oberseite der Tiere oder ihre erdgebundene Lebensweise beziehen. Der wissenschaftliche Gattungs- und Artname ist lateinisch und bedeutet „Kröte".

Merkmale
Kräftig gebaute Kröte, die in Mitteleuropa bis 9 cm (Männchen) bzw. 11 cm (Weibchen) lang wird. Die kurzen Hinterbeine erlauben den Tieren, sich nur langsam laufend oder hoppelnd fortzubewegen. Auf dem breiten Kopf verlaufen zwei hervorstehende längliche, nach hinten divergierende Drüsenpakete (Ohrdrüsen, Parotoide). Iris kupferfarben bis rotgold. Oberseite meist bräunlich-erdfarben (Abb. 17.8a, b). Haut mit vielen Warzen. Männchen an den ersten drei Fingern mit länglichen rauen Polstern (Brunftschwielen). Schallblasen fehlen. Helle, schrappende, heiser klingende Rufe im Frühjahr sind Befreiungs- oder Abwehrrufe, die Fehlpaarungen zwischen den Männchen verhindern sollen. Die Weibchen legen bis 8000 schwarze Eier, in 2–4 Reihen angeordnet, in 3–5 m langen Laichschnüren ab, die straff um vertikale Strukturen (Pflanzen, Äste) gewickelt werden. Die Larven bilden breite, mehrere Meter lange Schwärme.

Verbreitung
In Mitteleuropa nahezu flächendeckend anzutreffen.

Lebensräume
Bodenfeuchte Wälder (Laub- und Mischwälder), aber auch in Gärten und Parks innerhalb von Ortschaften. Als Laichgewässer dienen vorwiegend größere, stehende und tiefere Gewässer in Wäldern oder in Waldnähe, z. B. Weiher, Teiche (einschließlich Fischteiche) und Seen mit gut entwickelter Unterwasservegetation und Röhrichtzone.

Lebensweise
In Mitteleuropa wandern die fortpflanzungsfähigen Tiere im März/April innerhalb kurzer Zeit in großer Zahl zu ihren Laichgewässern. Dabei trägt das kräftigere Weibchen das kleinere Männchen huckepack

Abb. 17.8 **a** Erdkröten sind oberseits braun gefärbt und weisen viele Warzen auf. Hinter den Augen haben sie große, nach außen divergierende Ohrdrüsenpakete. (Foto D. Glandt). **b** Auf der frühjährlichen Wanderung zum Laichgewässer trägt das kräftigere Weibchen das kleinere Männchen huckepack. (Foto D. Glandt)

(Abb. 17.8b). Nach Ablage der 3–5 m langen Laichschnüre, die zwischen Pflanzen oder anderen Strukturen aufgespannt werden, verteilen sich die Kröten auf ihre weitläufigen Sommerlebensräume, die mehrere Kilometer weit vom Laichgewässer entfernt liegen können. Im Sommer kommt es zu massenhaftem Abwandern der kleinen, frisch umgewandelten Jungtiere. Nahrung: Ameisen, Käfer, Spinnen, Tausendfüßer, Landschnecken und Regenwürmer. Feinde: Mäusebussard, Uhu, Waldkauz, Graureiher und Rabenvögel. Unter den Säugern ist vor allem der Iltis bekannt, der die Tiere im Frühjahr in großer Zahl durch gezielte Bisse tötet und zu Haufen aufschichtet. Auch der Waschbär wird bei diesem auffälligen Frühlaicher durch Abtöten und Anfressen größerer Kontingente zum Problem. Zu den Krötenfeinden gehört auch die Ringelnatter.

Beobachtungstipps

Im zeitigen Frühjahr trifft man tagsüber und nachts auf Paare bei der Wanderung zum Laichgewässer. Paarungsverhalten und Laichabgabe im März/April leicht vom Gewässerufer aus zu beobachten (auch tagsüber). Im Sommer finden sich im Umfeld der Gewässer frisch umgewandelte Jungtiere. In den Sommerlebensräumen sind die Kröten vorwiegend nachtaktiv und können tagsüber unter Totholz, Steinen und Müllteilen nachgewiesen werden.

Gefährdung

Status FFH-Richtlinie: nicht gefährdet.

Rote Liste Deutschland und Österreich: nicht gefährdet. Rote Liste Schweiz: gefährdet (*vulnerable*).

Gefährdungsursachen

- Umwandlung von Laub- und Mischwäldern in Nadelforste.
- Beseitigung oder Verschmutzung der Laichgewässer.
- Als Weitstreckenwanderer wie kaum eine andere Amphibienart vom Straßentod betroffen.
- Im Siedlungsbereich Gullytod und Hineinfallen in Keller- und Lichtschächte.
- Erbeuten und Anfressen/Ausweiden durch Iltis und Waschbär.

Schutzmaßnahmen

- Sicherung und Pflege vorhandener Lebensräume.
- Vermeidung reiner Nadelforste.
- Neuschaffung und Pflege von Laichgewässern.
- Schaffung von Ersatzlaichgewässern außerhalb des Einflussbereiches vielbefahrener Straßen
- Umsiedlung der betroffenen Populationen.
- Minimierung des Straßentodes, im Einzelnen:
    - Abfangen wandernder Tiere an den Straßenrändern durch Fangzäune in Kombination mit Eimerfallen. Nach Leeren der Fallen sind die Tiere über die Straße zu tragen.
    - Einbau von Tunneldurchlässen unter den Straßen.

- Errichtung von Grünbrücken, breite Bauwerke, die über die Straße geführt werden und mit Erde und Vegetation versehen sind. Sie werden von größeren Säugetieren (Reh, Hirsch, Wildschwein) genutzt, kommen aber auch den Amphibien und Reptilien zugute.
- Im Siedlungsbereich Keller- und Lichtschächte sichern, damit keine Kröten hineinfallen. Spezielle Ausstiegsmatten ermöglichen hineingefallenen Tieren hinauszuklettern.
- Bejagung von Iltis, Waschbär und Wildschwein.
- Flächen mit großen Populationen (mehr als tausend Erwachsene) sollten unter gesetzlichen Schutz gestellt werden.

17.6 Wechselkröte – *Bufotes viridis*

Namen
Der deutsche Name weist auf die Fähigkeit zum Farbwechsel von hell nach dunkel und umgekehrt hin. Wegen der grünen Flecken manchmal auch „Grüne Kröte" genannt. Der wissenschaftliche (lateinische) Name „*viridis*" bedeutet „grün".

Merkmale
Oberseits auf hellem, beigefarbenem Grund mit großen unregelmäßigen grünen bis olivfarbenen Flecken. Iris metallisch grün-gelb, durchsetzt von feinen dunklen Linien (Abb. 17.9). Männchen erreichen 8 bis 9 cm Länge, in Ausnahmefällen bis 10 cm. An den ersten drei Fingern finden sich zur Paarungszeit dunkel gefärbte Brunftschwielen. Mit kehlständiger Schallblase, die nicht aus-, aber weit vorgestülpt werden kann. Die weithin hörbaren Paarungsrufe sind langgezogene melodische Triller, die an den Feldschwirl erinnern. Die Weibchen können 10 cm und mehr an Länge erreichen. Ihre Oberseite ist kontrastreicher und weist grüne, scharf abgesetzte Flecken auf hellem Grund auf (Abb. 17.9). Bis zu 15.000 schwarze Eier in 2–4 m langen, locker gespannten Laichschnüren werden abgelegt. Von Erdkröten gut unterscheidbar, da diese einen braunen Grundton und eine rötlich-braune Iris aufweisen. Kreuzkröten haben eine schmale helle, im Alter schwefelgelbe Rückenlinie. Die Wechselkröten des nördlichen Ostdeutschlands, Schleswig-Holsteins und des südlichen Skandinavien unterscheiden sich genetisch von denen

Abb. 17.9 Wechselkröten haben oberseits deutlich abgesetzte grüne Flecken auf hellem Untergrund, vor allem die Weibchen. Ihre Iris ist grün-gelb, durchsetzt von feinen dunklen Linien. (Foto B. Glandt)

der „Rheinschiene" (Baden-Württemberg, Kölner Bucht) und werden als *Bufotes* cf. *variabilis* bezeichnet. Ob es sich um eine eigene Art handelt, ist noch nicht abschließend geklärt (M. Stöck, pers. Mitt.).

Verbreitung

In Deutschland vor allem in der Osthälfte, daneben im Rheintal, nördlich bis in die Kölner Bucht. In Österreich nur lokal in isolierten Randpopulationen (Niederösterreich, Burgenland, Wien, oberösterreichisches Alpenvorland, Tirol, Kärnten, Südsteiermark). Fehlt in der Schweiz.

Lebensräume

Wärmeliebende Steppentiere, die vegetationsarme Flächen mit grabfähigem Untergrund bewohnen, in lichten Wäldern, trockenen Grasländern, Küsten- und Binnendünen, Abgrabungen (z. B. Sand- und Tongruben), auf Bergehalden (Bergbau-Folgelandschaften) und innerhalb von Ortschaften. Flache, besonnte, meist kleine bis mittelgroße stehende Gewässer, ohne oder mit wenig Pflanzenbewuchs, dienen als Laichgewässer. Hohe Salzgehalte werden toleriert, z. B. an der Ostsee und in Braunkohle-Tagebaugebieten Ostdeutschlands. Die Lebensräume ähneln denen der Kreuzkröte, mit der sie in einigen Regionen, z. B. in Sachsen und im Rhein-Main-Gebiet, vergesellschaftet ist.

Lebensweise
Nach einer mehrmonatigen Überwinterung an Land suchen die Tiere ab März ihre Laichgewässer auf. Die Weibchen setzen ihre bis vier Meter langen Laichschnüre ab, in vegetationsarmen Gewässern einfach auf den Boden, sonst in die Vegetation hineingehängt. Die Laichzeit kann bis in den August anhalten. Im September/Oktober werden die Winterquartiere bezogen, wobei neben Erdbauten auch Häuser, Stallanlagen und Keller genutzt werden. Tagsüber verbergen sich Wechselkröten unter Brettern, Steinen, in Steinhaufen, Kaninchenbauten, Mauselöchern und in selbstgegrabenen Höhlen. Nachts kommen die Tiere hervor, um auf Nahrungssuche zu gehen oder sich zu paaren. Nahrung: Käfer, Ameisen, Spinnen und andere Gliederfüßer, daneben Schnecken und Regenwürmer. Jungtiere leben von Pflanzenläusen, Springschwänzen, kleinen Käfern und Milben. Feinde: Verschiedene Vogel- und Schlangenarten (z. B. Ringelnatter), daneben Fische, die in kleinen isolierten Stillgewässern zu einer ernsten Bedrohung werden können. Vor allem in die Laichgewässer eingesetzte Karauschen und aus Nordamerika stammende Sonnenbarsche erbeuten in großer Zahl die Kaulquappen.

Beobachtungstipps
In milden April-, Mai- und Juninächten lassen sich die lauten, hellen, trillernden Paarungsrufe vernehmen. Im engeren Umfeld der Laichgewässer können die erwachsenen Tiere, zum Sommer hin auch die frisch umgewandelten Jungtiere und andere Altersgruppen, tagsüber unter flachen Steinen, Brettern und Müllteilen nachgewiesen werden. Mittels digitaler Fotografie ist eine individuelle Registrierung der Fleckenmuster und eine spätere Wiedererkennung möglich.

Gefährdung

Status FFH-Richtlinie: streng zu schützende Art von gemeinschaftlichem Interesse (Anhang IV). Rote Liste Deutschland: gefährdet. Rote Liste Österreich: gefährdet (*vulnerable*).

Gefährdungsursachen

- Intensivierung der Landwirtschaft.
- Zuschütten von Kleingewässern.
- Fischbesatzmaßnahmen.
- Zuwachsen von Flachgewässern mit Binsen, Schilf und Gehölzen wirkt sich ungünstig aus, da es sich um einen Pionierbesiedler handelt.
- Im Siedlungsbereich Hineinfallen in Keller- und Lüftungsschächte, Gullytod.

Schutzmaßnahmen

- Sicherung bestehender Kleingewässer.
- Neuanlage und regelmäßige Pflege vegetationsarmer, sonnenexponierter Laichgewässer sowie deren lückig bewachsenes Umfeld, z. B. in Abgrabungskomplexen und auf Bracheflächen in der wenig bewaldeten Kulturlandschaft.
- Diese Bereiche dürfen nicht aufgeforstet werden.
- Darauf zu achten ist, dass keine Fische in die Laichgewässer eingesetzt werden. Bei Besatz in guten Krötenbeständen sollten die Fische abgefangen und in Ersatzlaichgewässer umgesiedelt werden.
- Sicherungsmaßnahmen zur Vermeidung von Gullytod. Gerippte Ausstiegsrohre ermöglichen Hinausklettern hineingefallener Kleintiere. Verhinderung des Hineinfallens in Keller- und Lüftungsschächte. Spezielle Ausstiegsmatten ermöglichen das Hinausklettern.
- Am Rande des Verbreitungsgebietes sollten Flächen mit großen Beständen (mehr als zwei Hundert Erwachsene) unter gesetzlichen Schutz gestellt werden.

17.7 Kreuzkröte – *Epidalea calamita*

Namen
Der deutsche Name zielt entweder auf den Rückenstreifen (Rücken = Kreuz) oder die Fortbewegung ab: Die Tiere laufen im Kreuzgang. Der wissenschaftliche Artname könnte auf lat. *calamita* = „im Röhricht lebend" oder aber auf lat. *clamator* (= der Schreier, wegen der lauten Rufe) zurückzuführen sein.

Merkmale
Bis 9 cm lang werdende Kröte mit grauer, bräunlicher oder ins Gelbliche gehender Oberseite und verwaschenen dunklen, grünlichen oder olivfarbenen Flecken. Über die Rückenmitte zieht ein schwefelgelber (bei Jungtieren beigefarbener) schmaler Streifen (Abb. 17.10). Iris gelbgrünlich, durchzogen von feinen unregelmäßigen schwarzen Linien. Die Männchen haben an der Innenseite der ersten drei Finger dunkle Brunftschwielen. Neben denen des Laubfrosches sind die Paarungsrufe der Kreuzkröte die lautesten unter den einheimischen Amphibien, was durch die stark aufblähbare Kehlregion ermöglicht wird (Abb. 17.11). Je nach Wetter und Umgebung ist das harte, laute „ärr… ärr… ärr" oder „ürrr… ürrr… ürrr" mehr als einen Kilometer weit zu hören.

Verbreitung
Fast in ganz Deutschland, aber mit größeren Lücken. In Österreich nur an wenigen Stellen in Niederösterreich und Tirol. In der Schweiz nur auf der Alpennordseite.

Lebensräume
Trocken-warme Flächen mit spärlicher Vegetation und grabfähigem, sandigem oder kiesigem Untergrund, z. B. Binnen- und Küstendünen, Sand- und Kiesgruben, Heidelandschaften, aber auch Gärten und Bracheflächen (z. B. Industriebrachen) im Siedlungsbereich. Als Laichgewässer dienen flache, sonnenexponierte vegetationslose oder -arme kleinere Stillgewässer, besonders Pfützen, die nicht selten früh im Jahr austrocknen.

Abb. 17.10 Kreuzkröten haben eine helle Rückenmittellinie. Die Oberseite ist warzig mit zum Teil rötlichen Farbtupfern. Die gelb-grünliche Iris ist von dunklen Linien durchzogen. (Foto B. Trapp)

Abb. 17.11 Die Männchen können ihre Kehlregion mächtig auftreiben und erzeugen damit sehr laute, weithin hörbare Rufe. (Foto B. Trapp)

Lebensweise

In Mitteleuropa von März bis September aktiv. Im Gegensatz zur Erdkröte laicht die Kreuzkröte über einen mehrmonatigen Zeitraum, in Mitteleuropa von April bis Juli. Meist werden bis 4000 schwarze Eier, die in ein bis zwei Reihen angeordnet sind, in jeweils ein bis zwei Meter langen Laichschnüren, abgelegt, dabei einfach auf den Gewässerboden oder in spärlicher Vegetation. Nahrung: Käfer, Ameisen, Fliegen, daneben eine Reihe anderer Gliederfüßer sowie Regenwürmer. Jungtiere fressen gern Milben. Feinde: Stockenten, Stichlinge und Libellenlarven fressen Laich und Larven. Die Metamorphoslinge dürften von Laufkäfern, Spitzmäusen und anderen Tieren im Gewässerumfeld erbeutet werden.

Beobachtungstipps

In milden Mai- und Juninächten Verhören der lautstarken Chöre. Tagsüber im engeren Umfeld der Laichgewässer flache Steine, Bretter, Müll (z. B. Plastikfolien) hochheben, unter denen erwachsene Tiere, zum Sommer hin auch die frisch umgewandelten Jungtiere zu finden sind.

Gefährdung

Status FFH-Richtlinie: streng zu schützende Art von gemeinschaftlichem Interesse (Anhang IV).

Rote Liste Deutschland: Vorwarnliste. Rote Liste Österreich: vom Aussterben bedroht (*critically endangered*). Rote Liste Schweiz: gefährdet (*endangered*).

Gefährdungsursachen

- Befestigung von Waldwegen und Wegspuren in Wäldern, Abgrabungen und auf Truppenübungsplätzen sowie das Durchfahren zur falschen Jahreszeit (Frühjahr/Sommer).
- Zu frühes Austrocknen temporärer Gewässer.

Schutzmaßnahmen

- Schutz bestehender und Anlage neuer flacher, temporärer Gewässer, besonders Pfützen und wassergefüllter Wegspuren.

- Vernetzung der Gewässer und ihrer Populationen durch Anlage neuer Klein- und Kleinstgewässer in Nachbarschaft (Umkreis von 1 km) zu bereits bestehenden Vorkommen.
- Sicherung eines Mosaiks aus spärlich bewachsenen Bereichen und Gewässern.
- Keine Aufforstung, z. B. von Halden oder Bracheflächen.
- Im Herbst/Winter Durchfahren der Wegspuren zwecks Freihalten der Wasseroberfläche und Verdichtung des Untergrundes (Stauhaltung).
- Von Zeit zu Zeit Freihalten der engeren Gewässerumgebung von aufkommender Vegetation, besonders von Gehölzen. Diese Maßnahme soll ebenfalls im Herbst/Winter durchgeführt werden.

17.8　Europäischer Laubfrosch – *Hyla arborea*

Namen

Der deutsche Name bezieht sich auf die Gewohnheit, im Gebüsch und auf Bäumen zu sitzen. „Europäisch" weist auf die auf Europa (West-, Mittel- und Südosteuropa) beschränkte Verbreitung hin. Der wissenschaftliche Gattungs- (griechisch *hyla* = Wald, Holz) wie auch der Artname (lateinisch *arborea* = Baum…, vom Baum) lassen sich ebenfalls durch den Aufenthalt in Gebüsch und Bäumen zurückführen.

Merkmale

Bis 5 cm Länge erreichender Frosch mit grasgrüner, meist fleckenloser Oberseite (Abb. 17.12). Manchmal braun, grau, gelblich oder bläulich gefärbt. Vom Nasenloch bis in die Nähe der Hinterbeinansätze verläuft jederseits ein dunkles, nach oben hell gesäumtes Längsband, das breit über das Trommelfell hinwegläuft und am hinteren Ende ein kleines Stück hakenförmig nach oben zieht („Hüftschlinge"). Finger- und Zehenspitzen verbreitert, mit rundlichen Haftscheiben. Die Männchen haben eine faltige Kehle, die bräunlich, gelblich oder orangefarben, teilweise schmutzig grün gefärbt ist. Der Paarungsruf ist ein rasches rraa…rraa…rraa…rraa, aus der Ferne wie ratta…ratta…ratta klingend. Die Kehle der Weibchen ist glatt und beigefarben, manchmal mit grasgrünen Flecken. Jungtiere mit gelblicher Kehle.

Abb. 17.12 Laubfrösche sind oberseits meist grasgrün gefärbt. An den verbreiterten Finger- und Zehenenden befinden sich mikroskopisch kleine Haftnäpfe, mit denen sie sehr gut klettern können. (Foto S. Meyer)

Verbreitung

Im größten Teil des behandelten Gebietes. Fehlt in der Südschweiz und im südlichen Österreich.

Lebensräume

In Mitteleuropa eine Art der Tief- und Hügelländer. Besiedelt werden lichte Auwälder, feuchte Wiesen und Weiden, Hecken (gerne Brombeerhecken) und Waldsäume sowie Abgrabungen (Kies-, Sand- und Tongruben). Einzige einheimische Froschart nördlich der Alpen, die gut klettern kann und selbst in Baumkronen zu finden ist. Dies wird möglich durch verbreiterte Finger- und Zehenenden, die mikroskopisch kleine Haftnäpfe tragen (Abb. 17.12). Als Laichgewässer dienen stehende, vielfältig strukturierte Stillgewässer unterschiedlicher Größe, z. B. temporäre Flachgewässer, tiefere Teiche, Altarme und mit Röhricht bestandene Seeufer.

Lebensweise

In Mitteleuropa von April bis Oktober aktiv, Hauptfortpflanzungszeit im Mai/Juni. Unter den einheimischen Amphibien verfügen Laubfroschmännchen mit über die lautesten Rufe und sind noch in mehr als einem Kilometer Entfernung zu hören. Dies verdanken sie einer stark aufblähbaren Kehlregion, die als Verstärker dient (Abb. 17.13). Die Männchen halten sich im Bereich der Oberarmwurzeln der Weibchen fest, welche bis 1400 oberseits hellbraune Eier in kleineren, kompakten Laichklumpen an untergetauchten Pflanzen ablegen. Nach der Fortpflanzung wandern die Tiere in ihre Sommerlebensräume ab. Diese liegen bis zu mehreren Hundert Metern, manchmal mehr als einen Kilometer, vom Laichgewässer entfernt. Hier leben sie in Hochstauden, Gebüschsäumen

Abb. 17.13 Rufendes Laubfroschmännchen. Die innere Schallblase ist vorgestülpt und dient als Verstärker. Die sehr lauten Rufe können je nach Umgebung und Wetterlage bis zu einem Kilometer und mehr wahrgenommen werden. (Foto B. Trapp)

und in Bäumen, in denen sie auch in die Kronen bis in über 25 m Höhe hinaufsteigen. Nahrung: Insekten (Fliegen, Käfer, Zikaden, Blattläuse, Springschwänze) und Spinnen, daneben Gehäuseschnecken. Feinde: Neuntöter, Eulen, verschiedene Reiherarten und die Ringelnatter. Die Larven werden von räuberischen Wasserinsekten und verschiedenen Fischarten erbeutet.

Laubfrösche wurden früher in Gläsern mit kleinen Leitern als „Wetterfrösche" gehalten, die angeblich durch ihr Verhalten das Wetter vorhersagen könnten. Dies ist jedoch wissenschaftlich nicht bewiesen.

Beobachtungstipps
Von April–Juni lassen sich in milden, windstillen Nächten die lautstarken Rufkonzerte vernehmen. Dabei vorsichtig auftreten und möglichst wenig herumlaufen. Von Juli–September an trockenen, sonnig-warmen Tagen sonnenexponierte Gebüschsäume (z. B. Brombeerhecken, Hopfenranken, Ahornbüsche) in Nachbarschaft zu den Laichgewässern absuchen. Die Tiere sind durch ihre grüne Farbe gut getarnt und flüchten bei Annäherung rasch ins Gebüschinnere. Außerdem auf Sommerrufe achten, die aus Hecken und Baumkronen (meist einzeln) zu hören sind.

Gefährdung
Status FFH-Richtlinie: streng zu schützende Art von gemeinschaftlichem Interesse (Anhang IV).

Rote Liste Deutschland: gefährdet. Rote Liste Österreich: potenziell gefährdet (*vulnerable*). Rote Liste Schweiz: stark gefährdet (*endangered*).

Gefährdungsursachen

- Entwertung oder Zerstörung geeigneter Lebensräume durch Nutzungsintensivierungen.
- Trockenlegung von Feuchtgebieten durch Grundwasserabsenkung.
- Umbruch von Grünland und Nutzung als Acker.
- Fischbesatz und Störung durch Angelsport.
- Straßentod.
- Wegfangen zu terraristischen Zwecken.

Schutzmaßnahmen

- Herausnahme von Flächen aus der Intensivnutzung. Diese sollten von Pufferzonen (mindestens 20–30 m Breite) zwecks Minimierung des Pestizid- und Düngereintrages umgeben werden.
- Sicherung von wenig gedüngten feuchten Grünlandflächen.
- Rückumwandlung bereits umgebrochener Grünlandflächen.
- Anlage neuer Laichgewässer (sonnenexponierte, fischfreie Stillgewässer). Hierdurch wird die Vernetzung gefördert.
- Schutz und Pflege der Sommerlebensräume, z. B. Brombeerhecken und Hochstaudensäume.
- In den Flussauen an Elster und Luppe (Sachsen), an Ober- und Alpenrhein sowie im Reusstal (Schweiz) Wiederherstellung der Auendynamik, zumindest abschnittsweise.
- Wenn im Zuge massiver Wanderbewegungen Straßen überquert werden, sollte ein Fangzaun mit Übersteigschutz installiert werden. Eimerfallen ergeben bei der gut kletternden Art keinen Sinn. Am besten wären temporäre Straßensperrungen oder Grünbrücken.
- Vermeidung des Wegfangens zu terraristischen Zwecken; sich um Nachzuchttiere anderer Terrarianer bemühen.
- In verschiedenen Ländern wurden Wiederansiedlungen oder künstliche Bestandsstützungen durchgeführt, z. B. in Deutschland und der Schweiz. Eine langjährige wissenschaftliche Betreuung derartiger Projekte mit regelmäßiger Erfolgskontrolle ist erforderlich.

17.9   Italienischer Laubfrosch – *Hyla intermedia*

Namen

Der deutsche Name bezieht sich auf das Hauptvorkommen in Italien. Wurde erst 1995 als eigene Art vom Europäischen Laubfrosch (*Hyla arborea*) abgetrennt und sieht dieser sehr ähnlich. Der Name „Laubfrosch" rührt von der Vorliebe, im Sommer im Gebüsch und auf Bäumen, vor allem auf großen Blättern zu sitzen. Der wissenschaftliche Gattungsname (griechisch *hyla* = Wald, Holz) weist ebenfalls darauf hin. Der wissenschaftliche Artname (lateinisch *inter* = zwischen, *media* = mittig, zwischen) hebt auf die Zwischenstellung in einigen Merkmalen zwischen dem Europäischen und dem Mittelmeer-Laubfrosch ab.

Merkmale

Bis 5 cm Länge erreichender Frosch. Oberseite meist grasgrün und fleckenlos. Männchen mit faltiger, bräunlicher, gelblicher oder orangefarbener Kehle. Bei den Weibchen Kehle glatt und beigefarben. Jungtiere: Kehle glatt, blass-gelblich oder goldgelb.

Unterschiede zum Europäischen Laubfrosch: dunkler Streifen zwischen Nasenloch und Auge schmaler und oft unvollständig, manchmal fehlend. Dunkles Band zwischen Trommelfell und Augenhinterrand deutlich schmaler. Trommelfell überragt das dunkle Band nach unten

Abb. 17.14 Pärchen des Italienischen Laubfrosches. Der Seitenstreifen vom Nasenloch bis zum Auge ist nur schwach entwickelt, teilweise unterbrochen. Er zieht nur schmal über Auge und Trommelfell hinweg. Letzteres überragt das dunkle Band nach unten deutlich. (Foto K. Grossenbacher)

deutlich (Abb. 17.14). Beim Europäischen Laubfrosch läuft hingegen das Band breit über das Trommelfell hinweg.

Verbreitung

Im behandelten Gebiet nur südlichster Teil der Schweiz (Tessin). Eine Population am Genfer See (Grangettes) nördlich der Alpen beruht auf einer Verschleppung.

Lebensräume

Meist zwischen 200 und 400 m ü. NN, geht aber bis 1000 m ü. NN. Besiedelt werden gering bewaldete, gut besonnte Lebensräume, z. B. Wiesen, Weiden, Gebüsch- und Waldsäume, Abgrabungen, Baustellengelände und Gärten. Als Laichgewässer dienen Weiher, Teiche, Gräben sowie Pfützen und andere temporäre Gewässer. Reichlich Wasserpflanzenbewuchs wird bevorzugt.

Lebensweise

Männchen rufen ab Ende März, ab Ende April findet die Fortpflanzung statt. Bis zu 1000 oberseits hellbraune Eier werden vom Weibchen in mehreren kleineren, kompakten Laichklumpen an untergetauchten Pflanzen abgelegt. Nahrung: Insekten. Feinde: Fische, sicher noch weitere.

Beobachtungstipps

Siehe Abschn. 17.8, Europäischer Laubfrosch. Die Paarungsrufe der beiden Arten sind sehr ähnlich und als Unterscheidungsmerkmal im Gelände nicht geeignet.

Gefährdung

Status FFH-Richtlinie: nicht gefährdet.

Rote Liste Schweiz: stark gefährdet (*endangered*). Fehlt in Deutschland und Österreich.

Gefährdungsursachen

- Die voranschreitende Beseitigung kleiner Stillgewässer trägt zum Rückgang bei, daneben das Zuwachsen älterer Gewässer und ihres Umlandes.

Schutzmaßnahmen

- Im Tessin sind Fördermaßnahmen dringend erforderlich. Aufgrund der nur noch wenigen Vorkommen sollten möglichst viele Lebensräume unter gesetzlichen Schutz gestellt werden.
- Neuanlage von Stillgewässern in geeignetem Umfeld, wodurch die Vernetzung gefördert wird.
- Pflegemaßnahmen an älteren Laichgewässern, z. B. Auslichten von Gehölzen am Ufer.

17.10 Moorfrosch – *Rana arvalis*

Namen

Der deutsche Name bezieht sich auf das Vorkommen u. a. in Mooren. Der wissenschaftliche Gattungsname (lateinisch *rana*) bedeutet „Frosch", der Artname (lateinisch *arvus* = Feld, Acker) weist auf die größere ökologische Bandbreite hin.

Merkmale

Ein 5–6 cm, selten bis 8 cm, langer Frosch mit zugespitzter Schnauzenregion. Oberseits bräunlich, ohne oder mit dunklen Flecken. Häufig mit breitem, hellem, scharf abgesetztem Rückenband. Bauch weißlich bis gelblich, meist ungefleckt. Kopfseiten mit breitem dunkelbraunem Schläfenfleck. Darin liegt das kreisrunde Trommelfell, dessen Durchmesser deutlich kleiner als der Augendurchmesser ist. Männchen zur Paarungszeit oft bläulich bereift oder himmelblau verfärbt (Abb. 17.15) und an den Daumen mit schwarz-braunen Verdickungen (Brunftschwielen). Der Paarungsruf ist ein Blubbern (blubb-blubb-blubb), so als würde man eine leere Flasche unter Wasser tauchen.

Verbreitung

In Deutschland vor allem im Norddeutschen Tiefland, im Nordosten Bayerns, lokal in Baden-Württemberg. In Österreich in den Tieflandsgebieten des Nordens, Ostens und Südens. In Mitteleuropa von Meeresspiegelhöhe bis knapp unter 1000 m ü. NN. Fehlt in der Schweiz.

Abb. 17.15 Pärchen des Moorfrosches zur Paarungszeit im Frühjahr (März). Das obenauf klammernde Männchen ist himmelblau gefärbt, nimmt nach der Paarungszeit aber wieder die bräunliche Färbung (wie beim Weibchen) an. (Foto A. Kronshage)

Lebensräume

Randbereiche von Hochmooren. Heidegebiete, Flussauen (z. B. Elbaue, Donauaue, Oberrheingraben), feuchtes Grünland, Bruch- und Auwälder, lichte Kiefernforste mit krautigem Unterwuchs. Laichgewässer: Altwässer, Altarme und Tümpel in Flussauen; Hochmoor- und Heideweiher; Gräben, Grünland- und Ackertümpel; Fischteiche.

Lebensweise

In Mitteleuropa von März bis Oktober aktiv. Die geschlechtsreifen Tiere wandern innerhalb kurzer Zeit in großer Zahl zum Laichgewässer. Die Fortpflanzung dauert meist nur wenige Tage. Das Weibchen legt bis ca. 2000 oberseits braun-schwarze Eier in einem faustgroßen Ballen im Flachwasser ab. Nahrung: Käfer, Schmetterlingsraupen, Zweiflügler, Springschwänze, Asseln, Doppel- und Hundertfüßer, Spinnen, Schnecken und Regenwürmer. Feinde: viele Vogel- und Säugerarten, Ringelnatter, Kreuzotter.

Beobachtungstipps

Im zeitigen Frühjahr an und in den Laichgewässern auf blubbernde Rufe achten. Blau bereifte Männchen nachweisen. Im Sommer finden sich frisch verwandelte Jungtiere im Gewässerumfeld. Im Herbst können Tiere aller Altersstufen in Wiesen, Feuchtheiden, Randzonen von Bruchwäldern sowie Pfeifengrasflächen nachgewiesen werden.

Gefährdung

Status FFH-Richtlinie: streng zu schützende Art von gemeinschaftlichem Interesse (Anhang IV).

Rote Liste Deutschland: gefährdet. Österreich: ungefährdet, aber in der „Vorwarnliste". Fehlt in der Schweiz. Im östlichen Mitteleuropa häufige Erscheinung, an der südwestlichen Arealgrenze (SW-Deutschland, NO-Frankreich) akut vom Aussterben bedroht.

Gefährdungsursachen

- Biotopvernichtung,
- Trockenlegung,
- Grundwasserabsenkung, Wasserstandsregulierung, Gewässerausbaumaßnahmen
- Pestizideinsatz,
- In basenarmen Gewässern (auf Sanduntergrund und in Hochmoorgebieten) Gewässerversauerung.
- Einsatz von Rotationsmähwerken (Kreiselmäher) bei der Wiesenbewirtschaftung,
- Straßentod,
- Erbeutung balzender Individuen durch den Waschbär.

Schutzmaßnahmen

- Schutz der Populationen und Optimierung ihrer Lebensräume (Laichgewässer und ihr weitläufiges Umland).

- Vernetzung von Populationen und ihrer Lebensräume durch Entwicklung von Landschaftskorridoren mit geringer Nutzung (Feuchtwiesen, Bracheflächen, Hecken).
- Neuschaffung ganzjährig wasserführender Kleingewässer in Nachbarschaft zu vorhandenen.
- Gewässerneuanlagen auf mineralisch beeinflusstem Untergrund, außerhalb versauerungsanfälliger Moorgebiete.
- Von Kalkungen, vor allem aus der Luft, wird abgeraten. Die Dosierung ist schwierig. Außerdem kollidiert dies mit dem Schutz bestimmter Pflanzenarten, die kalkarme Verhältnisse bevorzugen.
- In Ackernähe und innerhalb von Äckern Ausweisung und Pflege von Pufferstreifen (mindestens 20–30 m) zur Minimierung von Pestizid- und Düngereinträgen.
- Einsatz tierschonender Balkenmäher statt Rotationsmähwerken (Kreiselmäher) bei der Wiesenbewirtschaftung. Mahdtermin: wenn keine Metamorphoslinge ausschwärmen (dies ist vorher zu kontrollieren).
- Minimierung des Straßentods. Kurzfristig Installierung von Fangzäunen in Kombination mit Eimerfallen, langfristig Anlage von Straßendurchlässen mit Leiteinrichtungen.
- Bejagung des Waschbären bei nachgewiesener Erbeutung balzender Frösche.
- Im Einzelfall Unterschutzstellung der Lebensräume (Gewässer mit Umland), was durch die FFH-Richtlinie vorgegeben ist.

17.11 Springfrosch – *Rana dalmatina*

Namen

Der deutsche Name bezieht sich auf die langen Hinterbeine, mit denen die Art bis zu zwei Meter weite und einen Meter hoch reichende Sprünge vollziehen kann. Der wissenschaftliche Artname weist auf Dalmatien hin, von wo die Tiere der Erstbeschreibung stammten.

Merkmale

Bis 6 cm (selten bis 8 cm) lang werdender Frosch. Oberseite bräunlich oder rötlich, wenig gefleckt oder mit wenigen dunklen Flecken (Abb. 17.16). Bauch weißlich bis gelblich, meist ungefleckt. Kopf-

Abb. 17.16 Springfrösche (hier ein Pärchen) sind oberseits bräunlich oder rötlich gefärbt, dabei fleckenlos oder nur schwach dunkel gesprenkelt. Das runde Trommelfell liegt nahe am Auge und erreicht fast Augendurchmesser. (Foto B. Trapp)

seiten mit dunkelbraunem Schläfenfleck. Kurz hinter dem Auge liegt das kreisrunde Trommelfell, das nahezu Augendurchmesser erreicht (Abb. 17.16). Hinterbeine sehr lang. Nach vorne seitlich an den Körper angelegt, überragt das Fersengelenk deutlich die Schnauzenspitze. Männchen zur Paarungszeit (Februar/März) mit grauen (nicht schwarzen!) Verdickungen an den Daumen (Brunftschwielen). Gibt unter Wasser, auf dem Gewässerboden sitzend, leise Rufe ab. Die Weibchen legen bis 2000 oberseits braun-schwarze Eier in faustgroßen Ballen ab, dic um Pflanzenstängel gewickelt werden. Hierdurch sehen die Ballen häufig wie „aufgespießt" aus.

Verbreitung
In Deutschland vorwiegend im Süden und Osten. In Norddeutschland nur an wenigen Stellen, z. B. Kölner Bucht, Lüneburger Heide, Insel Rügen.

In den Tiefländern der Osthälfte Österreichs nicht selten. In der Schweiz zerstreut im nördlichsten Teil, im Südwesten und im Tessin.

Lebensräume
Lichte Laubwälder vor allem der Ebenen, Flussauen und Mittelgebirgslagen. Dabei ist Grasunterwuchs förderlich. Als Laichplätze dienen meist stehende Gewässer unterschiedlicher Größe, in der Regel mit ganzjähriger Wasserführung, vor allem kleinere Weiher und Teiche sowie Altarme. In der Regel liegen diese im Wald oder an Waldrändern, aber auch in Flussauen.

Lebensweise
Die geschlechtsreifen Tiere wandern meist schon Ende Februar innerhalb kurzer Zeit zu ihren Laichgewässern. Die Fortpflanzung dauert meist nur wenige Tage. Nahrung: Insekten (besonders Käfer), daneben Spinnen, Schnecken und Regenwürmer. Feinde: viele Vögel, u. a. Schleiereule und Uhu, daneben diverse Säugetiere, z. B. Marder, Iltis, Waschbären und Marderhunde.

Beobachtungstipps
Ab Ende Februar: Nachtexkursionen an ein bekanntes Laichgewässer. Sommer/Herbst: Durchstreifen von Wäldern, Absuchen von Weg- und Wiesenrändern im Umfeld der Laichgewässer. Auf flinke, weit springende braune Frösche achten.

Gefährdung
Status FFH-Richtlinie: streng zu schützende Art von gemeinschaftlichem Interesse (Anhang IV).

Rote Liste Deutschland: ungefährdet. Österreich: potenziell gefährdet. Schweiz: stark gefährdet.

Gefährdungsursachen

- Rückgang der Kleingewässer durch Zuschütten, Trockenlegung, Grundwasserabsenkung, Wasserstandsregulierung.
- Naturferne Waldbewirtschaftung, in den Tieflandslagen vor allem Aufforstung mit Fichten.

- Straßentod,
- Einsetzen räuberischer Fische, z. B. Goldfische und Karauschen.

Schutzmaßnahmen

- Naturnahe Waldbewirtschaftung, insbesondere Förderung lichter Laubwälder (vor allem Buchen) mit kleineren Waldinseln und Grasunterwuchs.
- Desgleichen muss eine Vernetzung von Populationen und ihren Biotopen durch Entwicklung von Landschaftskorridoren mit geringer Nutzung, z. B. Feuchtwiesen, Hecken, Bracheflächen, breiten strukturierten Waldrändern, angestrebt werden.
- Neuschaffung unterschiedlicher Kleingewässer in Nachbarschaft zu bereits vorhandenen, um ein Populationsnetz zu erzielen.
- In Ackernähe ist die Ausweisung nicht genutzter Pufferstreifen (Breite mindestens 20–30 m) zur Minimierung von Pestizid- und Düngereinschwemmungen erforderlich.
- Außerdem sollten Nassstellen innerhalb von Äckern aus der landwirtschaftlichen Nutzung genommen werden, welche von ungenutzten Pufferzonen umgeben sind.
- Einsatz von tierschonenden Balkenmähern statt Rotationsmähwerken (Kreiselmäher) bei der Böschungspflege und auf Grünlandflächen, vor allem im Feuchtgrünland und Umfeld von Kleingewässern.
- Verhinderung/Minimierung von Straßentod, besonders dort, wo viele Springfrösche und andere Amphibien Laichplatzwanderungen unternehmen.
- Bei Fischbesatz Leerpumpen des Gewässers und Abfischen (in Zusammenarbeit mit örtlichem Angelverein oder Fischereiverband); die Fische sind in ein Ersatzgewässer umzusetzen.
- Bejagung von Waschbären und Marderhunden.
- Flächen mit großen Populationen (Gewässer und Umland) sollten gesetzlich unter Schutz gestellt werden.

17.12 Italienischer Springfrosch – *Rana latastei*

Namen

Der deutsche Artname zielt auf das gute Sprungvermögen und das schwerpunktmäßige Vorkommen in der Poebene (Norditalien) ab. Der wissenschaftliche Artname wurde zu Ehren von Fernand Lataste (1847–1934) vergeben.

Merkmale

Bis 7,5 cm lang werdender Braunfrosch mit rotbraun oder gräulich-brauner Oberseite, zumeist ungefleckt (Abb. 17.17a). Ein helles Band auf der Oberlippe beginnt auf Höhe der Oberarme und endet abrupt unter dem Auge. Kehle und Brust dunkelbraun gefleckt, Erstere mit heller Mittelzone (Abb. 17.17b). Trommelfell kleiner als Augendurchmesser. Männchen während der Paarungszeit (Februar–April) an den Daumen mit braunen (!) Brunftschwielen. Paarungsruf leise, klingt wie Katzenmiauen.

Verbreitung

Fehlt in Deutschland und Österreich. In der Schweiz nur im Südtessin.

Lebensräume

Lichte Laubwälder der Ebenen, Auwälder der Flüsse, Sumpfwälder an den Ufern kleiner Seen. Kennzeichnend sind hohe Grundwasserstände und krautreicher Unterwuchs. Gelaicht wird in Altwässern, Gräben, Tümpeln und Pfützen sowie ufernahen Flachbereichen langsam fließender Flüsse.

Lebensweise

Die Laichgewässer werden schon ab Mitte Februar aufgesucht. Die Weibchen geben je Saison einen kleinen Laichballen ab, der bis 1200 Eier enthält und an schräg ins Wasser hängenden Zweigen oder Wasserpflanzen befestigt wird. Nahrung: Schnecken, Spinnen, Asseln, Regenwürmer und Käfer. Feinde: verschiedene Fischarten, Kleinsäuger und Vögel, daneben Molche sowie die Ringelnatter.

Abb. 17.17 **a** Italienische Springfrösche haben eine blasse, nur schwach gefleckte oder fleckenlose Oberseite. Das kreisrunde, schlecht erkennbare Trommelfell ist kleiner als der Augendurchmesser. Unterhalb des Auges setzt ein heller, bis zum Mundwinkel reichender Streifen an. (Foto B. Trapp). **b** Unterseite mit kräftig gefleckter Kehle und heller Mittelzone sowie dunklen Flecken an den Seiten der Brust. (Foto K. Grossenbacher)

Beobachtungstipps

Im zeitigen Frühjahr an den Laichgewässern auf den charakteristischen, an ein Katzenmiauen erinnernden Paarungsruf achten. Im Sommer/Herbst verkrautete ufernahe Bereiche der Gewässer durchstreifen. Dann können Tiere aller Altersgruppen gefunden werden.

Gefährdung

Status FFH-Richtlinie: streng zu schützende Art von gemeinschaftlichem Interesse, für die besondere Schutzgebiete auszuweisen sind (Anhang II und IV).

Rote Liste Schweiz: verletzlich (*vulnerable*). Eine der seltensten und gefährdetsten Froscharten Europas. Lange Zeit galt sie in der Schweiz (Tessin) als verschollen, wurde aber 1981 wiederentdeckt. Durch Fördermaßnahmen wieder häufiger geworden, weshalb sie jetzt „nur noch" als verletzlich (*vulnerable*) gewertet wird.

Gefährdungsursachen

- Hauptproblem ist die Isolation der Populationen durch Fragmentierung ihrer Lebensräume. Dies ist eine Folge der Vernichtung von Auwäldern, der Überbauung und Industrialisierung sowie des Straßentods.
- Unerwünschte ausgesetzte Räuber, z. B. Krebse und Schmuckschildkröten, erbeuten die Kaulquappen.

Schutzmaßnahmen

Generell ist zu betonen, dass sich nach gezielten Schutz- und Fördermaßnahmen die Bestände erholen können. Notwendig sind:

- Sicherung und Pflege feuchter, unterwuchsreicher Laubwälder entlang von Gewässern.
- Regelmäßiges Ausräumen von durch Starkregen in die Laichgewässer eingeschwemmtem Material.
- Neuschaffung von Kleingewässern in Nachbarschaft zu vorhandenen Populationen.
- Verhinderung/Minimierung von Straßentod. Bei starken Wanderungen Einsatz von Fangzäunen in Kombination mit Eimerfallen.
- Bei Fischbesatz Durchführung von Abfischmaßnahmen (in Zusammenarbeit mit örtlichem Angelverein oder Fischereiverband).
- Unterlassen der Ansiedlung von unerwünschten fremdländischen Räubern, vor allem Flusskrebsen und Schmuckschildkröten. Im Einzelfall kann deren Wegfang geboten sein.
- Flächen mit großen Populationen (mehr als 50 Erwachsene) sollten gesetzlich geschützt werden.
- In Sonderfällen kann eine künstliche Wiederansiedlung (mit Kaulquappen) Sinn machen. Das setzt voraus, dass keine Schadfaktoren auf das Ansiedlungsgewässer und sein engeres Umfeld einwirken.

17.13 Grasfrosch – *Rana temporaria*

Namen

Der deutsche Name weist auf das Vorkommen in Wiesen, Weiden und an Böschungen (Straßenränder, Gewässerufer) hin. Der wissenschaftliche Artname (lat. *tempus* = Zeit, aber auch Schläfe) könnte mit „vorläufig, kurzzeitig, zeitweilig" übersetzt werden, weil die Art nur kurze Zeit am Laichgewässer zu finden ist. Andererseits verweist der Begriff auf die Schläfenregion, über den sich ein dunkler Streifen zieht.

Merkmale

Bis 12 cm lang werdender Frosch mit stumpf endendem Kopf. Oberseite bräunlich, grau, rötlich-braun, olivgrün oder ähnlich gefärbt, oft mit schwarzen Flecken (Abb. 17.18 und 17.22). Manchmal mit hellem Rückenstreifen, der auf Höhe der Vorderbeinansätze beginnt und bis zum Körperende verläuft. An den Kopfseiten brauner Schläfenfleck, in welchem das kreisrunde Trommelfell liegt (Abb. 17.22). Dessen Durchmesser ist deutlich kleiner als der Augendurchmesser. Männchen: Daumen mit Verdickungen (Brunftschwielen), die zur Paarungszeit (Frühjahr) schwarz-braun gefärbt sind, Kehle dann bläulich (Abb. 17.19). Schallblasen können nicht ausgestülpt werden. Leise, knurrende oder brummende Paarungsrufe, die wie ferner Motorenlärm klingen. Weibchen: in der Paarungszeit an Flanken und Hinterbeinen mit feinen weißen „Pickeln". Charakteristisch sind die großen gallertigen Laichballenansammlungen (Abb. 17.20). Die jungen Larven haben stark verzweigte Kiemenfäden (Abb. 17.21).

Verbreitung

Nahezu im gesamten Gebiet. Von Meeresspiegelhöhe bis ins Hochgebirge.

Lebensräume

In Wiesen und an grasigen Böschungen entlang von Gräben, in Laub- und Mischwäldern, Gebüschen, Hecken, Gärten und Parks. Gelaicht wird in stehenden und langsam fließenden Gewässern, in Pfützen und Gräben, Garten- und Schulteichen sowie Verlandungszonen von Seen.

Abb. 17.18 Typischerweise haben Grasfrösche auf oberseits blasser Grundfarbe schwarze Flecken und Streifen. (Foto D. Glandt)

Lebensweise

Die Laichgewässer werden im Februar/März aufgesucht. Je Weibchen werden bis 4500 oberseits braun-schwarze Eier in einem Ballen im seichten Uferbereich abgelegt (Abb. 17.20). Nach der kurzen Fortpflanzungszeit verteilen sich die Tiere auf ihre Sommerlebensräume, die bis zwei Kilometer entfernt liegen können. Nahrung: Käfer, Heuschrecken, Spinnen, Asseln, Schnecken und andere Kleintiere. Feinde: Säugetiere, z. B. Spitzmäuse, Iltisse, Wildschweine, Waschbären und Wanderratten; viele Vogelarten, z. B. Krähen, Reiher, Störche, Greifvögel, Eulen. Daneben Schlangen, vor allem Ringelnattern.

Abb. 17.19 Balzendes Grasfroschmännchen. Das abgebildete Tier hat eine nur leichte bläuliche Kehlfärbung, andere Individuen können eine deutlich kräftiger gefärbte blaue Kehle aufweisen. Die Lichtreflexe auf der Haut resultieren aus dem zur Paarungszeit abgesonderten Schleimüberzug. (Foto D. Glandt)

Beobachtungstipps

Zeitiges Frühjahr: An den Laichgewässern auf leise, summende Rufe sowie auf die charakteristischen gallertigen Laichballen-Ansammlungen achten (Abb. 17.20), etwas später auf die frisch geschlüpften Larven (Abb. 17.21). Sommer: Grasige Böschungen nach erwachsenen Tieren (Abb. 17.22) und frisch verwandelten Jungtieren (Metamorphoslinge) absuchen. Spätsommer/Herbst: Tiere aller Altersstufen in Wiesen, Weiden, Laub- und Mischwäldern.

Gefährdung

Status FFH-Richtlinie: Anhang V (aus kulinarischen Gründen, Froschschenkel!)

Rote Liste Deutschland, Österreich und Schweiz: nicht gefährdet.

Abb. 17.20 Charakteristische Ansammlung von Grasfrosch-Laichballen. (Foto D. Glandt)

Abb. 17.21 Junge Larven des Grasfrosches mit langen verzweigten Kiemenfäden. (Foto D. Glandt)

Abb. 17.22 Grasfrösche haben ab Frühsommer eine bräunliche oder rötliche Grundfarbe. Darauf finden sich oft kräftige dunkle Flecken. Das runde Trommelfell im dunklen Schläfenfleck liegt weit vom Auge entfernt. Sein Durchmesser ist kleiner als der des Auges. (Foto B. Trapp)

Gefährdungsursachen

- Biotopvernichtung
- Trockenlegung, Grundwasserabsenkung, Wasserstandsregulierung, Gewässerausbaumaßnahmen
- Pestizide
- Straßentod
- Durch Einsatz von Rotationsmähwerken (Kreiselmäher) bei der Wiesenbewirtschaftung können viele Tiere getötet werden.
- Erbeutung balzender Individuen durch den Waschbären

Schutzmaßnahmen

- Neuanlage von Kleingewässern in Nachbarschaft von bestehenden Vorkommen (im Umkreis von 1–2 km).

- Pflegemaßnahmen an bestehenden älteren Gewässern, z. B. Freistellen zugewachsener Ufer von Gehölzen.
- Vernetzung von Grasfroschbiotopen durch Entwicklung von Landschaftskorridoren mit geringer Nutzung, z. B. Feuchtwiesen, Bracheflächen, gegliederten breiten Waldsäumen und Wegrändern.
- Sicherung und Pflege von Hecken, bei Bedarf Neuanlage.
- In Ackernähe Ausweisung von Pufferstreifen (mindestens 20–30 m Breite) zwecks Minimierung von Pestizid- und Düngereinschwemmungen.
- Ausgrenzung von Kleingewässern in Äckern aus der landwirtschaftlichen Nutzung. Das engere Umfeld sollte ungenutzt bleiben, muss aber von Zeit zu Zeit gepflegt werden („Pflegeschnitte").
- Kleintierschonende Graben- und Böschungsunterhaltung sowie der straßenbegleitenden Randstreifen.
- Einsatz von tierschonenden Balkenmähern statt Rotationsmähwerken (Kreiselmäher) bei der Wiesenbewirtschaftung. Mahdtermin: nicht wenn individuenstarke Wanderungen stattfinden, z. B. die Metamorphoslinge ausschwärmen (dies ist vorher zu kontrollieren!).
- Minimierung von Straßentod, bei Bedarf mittels temporärem Fangzaun in Kombination mit Eimerfallen.
- Bejagung des Waschbären bei nachgewiesener Prädation.

17.14 Teichfrosch – *Pelophylax „esculentus"*

Namen

Der deutsche Name weist auf das Vorkommen an Teichen und ähnlichen stehenden Gewässern hin. Der wissenschaftliche Artname „*esculentus*" ist lateinisch und bedeutet „essbar". Die Tiere lieferten früher die Froschschenkel zum Verzehr. Der Teichfrosch ist eine Hybridform, die ursprünglich aus Kreuzungen zwischen Kleinem Wasserfrosch und Seefrosch hervorgegangen ist. Der Name wird hier deshalb in Anführungsstrichen gesetzt.

Merkmale

Bis 12 cm lang werdende Wasserfroschform. Zeigt in der Ausprägung vieler Merkmale eine Mittelstellung zwischen den beiden Herkunftsarten. Die Grundfarbe der Oberseite ist hell- oder grasgrün, braun oder bronzefarben. Darauf finden sich schwarze rundliche Flecken (Abb. 17.23). Meist verläuft ein breiter hellgrüner Mittelstreifen über den Rücken. Die Oberschenkel haben oft gelbe Flecken (vor allem zur Paarungszeit). Die Fersenhöcker an der Basis der innersten Zehen sind groß, der höchste Punkt ist zur Zehenspitze hin verschoben. Die Männchen haben graue Brunftschwielen an den innersten Fingern und zwei seitlich ausstülpbare dunkle Schallblasen (Abb. 17.23), die den Weibchen fehlen. Die Paarungsrufe ähneln denen des Kleinen Wasser-

Abb. 17.23 Teichfrösche sind oberseits grasgrün gefärbt mit schwarzen Flecken, die zu Streifen verschmelzen können. Am Hinterkörper und an den Schenkeln finden sich gelbliche Farbtöne. Das Bild zeigt ein Männchen. Im rechten Mundwinkel ist ein Teil der dunkel gefärbten Schallblase erkennbar. (Foto B. Glandt)

frosches, sind aber nicht so schnarrend, die einzelnen Elemente sind besser getrennt wahrnehmbar.

Verbreitung

In Mitteleuropa weit verbreitet und häufig. Von Meeresspiegelhöhe bis über 1200 m ü. NN (Kärnten).

Lebensräume

Weites Spektrum unterschiedlicher Lebensräume, auch im Siedlungsbereich anzutreffen. Als Laichgewässer dienen kleine und große Stillgewässer sowie langsam fließenden Bäche, Gräben und Flüsse. Auch in künstlichen Gewässern, z. B. Garten-, Schul- und Stadtparkteichen, Schwimmbassins und Betonbecken unterschiedlicher Nutzung.

Lebensweise

Teichfrösche überwintern teils an Land, teils im Bodenschlamm der Gewässer und zeigen auch hierin ihre Zwischenstellung zwischen Kleinem Wasserfrosch und Seefrosch. Landwinterquartiere befinden sich z. B. in Wäldern unter Moos, Falllaub und Ästen. Ab März beginnt die Aktivitätsperiode, die bis zum September dauert. Die Fortpflanzung findet schwerpunktmäßig im Mai/Juni statt. Je Weibchen werden bis 8000, oberseits hellbraune, unterseits weißliche Eier in kleinen Ballen an Wasserpflanzen abgelegt. Nahrung: Ähnelt der des Kleinen Wasserfrosches (siehe Abschn. 17.15). Die Larven fressen sowohl pflanzliches Material als auch kleine Tiere sowie Froschlaich. Feinde: Verschiedene Fischarten, z. B. Hecht und Barsch, stellen den metamorphosierten Tieren als auch den Larven nach. Die Ringelnatter, eine Reihe Vogelarten (z. B. Graureiher, Lachmöwe) und verschiedene Säuger (Fuchs, Marderarten, Dachs, Fischotter, Katzen, Wanderratte, Spitzmäuse, Waschbär) zählen ebenfalls zu den Feinden des Teichfrosches. Die Larven werden zudem von räuberischen Wirbellosen (z. B. Gelbrandkäfer und ihren Larven) sowie Molchen dezimiert.

Beobachtungstipps

Im Mai/Juni lassen sich bei sonnigem Wetter mittags und am frühen Nachmittag an kleineren Gewässern (auch an Gartenteichen) balzende Männchen sowie Paarungen beobachten. Am Rande von Gartenteichen können die Tiere mit Heimchen gefüttert werden, deren Fang man beobachten kann. Bei regelmäßiger Fütterung werden die Tiere zahm und fressen aus der Hand. Auch durch Absuchen von locker bewachsenen Uferpartien und Seerosenblättern lassen sich die Tiere nachweisen. Im Juli/August findet man die großen Larven und kann ihre Umwandlung zu Landtieren beobachten. Bei trockenem Wetter finden sich tagsüber die frisch umgewandelten Jungfrösche unter Brettern, Steinen etc.

Gefährdung

Status FFH-Richtlinie: Anhang V (aus kulinarischen Gründen, wegen der Froschschenkel). Rote Liste Deutschland: ungefährdet.

Rote Liste Österreich: ungefährdet. Rote Liste Schweiz: ungefährdet.

Gefährdungsursachen

- Vor allem die Beseitigung kleiner Stillgewässer ist ein Grund des Rückganges.
- Im Siedlungsbereich werden Tiere weggefangen.
- Der ungebremste Umbruch von Grünland ist für die Tiere ungünstig.
- Durch eingesetzte Fische werden viele Frösche und deren Larven weggefressen.

Schutzmaßnahmen

- Vor allem für größere Populationen (mehrere Hundert Tiere) sollten bei Bedarf Schutzmaßnahmen durchgeführt werden, wobei die Sicherung größerer strukturreicher Stillgewässer mit geeignetem Umland (z. B. feuchte Grünlandflächen) wichtig ist.
- Anlage neuer Kleingewässer in Nachbarschaft zu bestehenden Vorkommen, wodurch die Vernetzung gefördert wird. Neue Gewässer werden zudem rasch angenommen.
- Anlage und Pflege naturnaher Gartenteiche und ihrer engeren Umgebung.
- Entfernung von Fischen nach Besatzmaßnahmen, Umsetzung in Ersatzlaichgewässer (Näheres siehe Finch und Brandt 2017).
- Maßnahmen gegen den Straßentod (Fangzäune in Kombination mit Eimerfallen) können im Einzelfall erforderlich sein.

17.15   Kleiner Wasserfrosch – *Pelophylax lessonae*

Namen

Der deutsche Name zielt darauf ab, dass es sich um die kleinste Art der mitteleuropäischen Wasserfrösche handelt. Der wissenschaftliche Gattungsname ist aus dem Griechischen „*ho pelós*" = „der Schlamm" abgeleitet. Der wissenschaftliche Artname wurde zu Ehren des italienischen Herpetologen Michele Lessona (1823–1894) eingeführt.

Merkmale

Bis 8 cm lang werdender Vertreter aus der Gruppe der Wasserfrösche mit zumeist hell- oder grasgrün gefärbter Oberseite (Abb. 17.24). Auf dem

Abb. 17.24 Kleine Wasserfrösche sind oberseits grasgrün. Darauf finden sich nur wenige schwarze Flecken. (Foto D. Glandt)

Rücken finden sich nur wenige kleine, schwarze, scharf begrenzte Flecken. Häufig verläuft ein hellgrüner Mittelstreifen über den Rücken. Die Unterseite ist meist weißlich oder nur wenig gefleckt. Die Oberschenkel haben innen und außen intensive gelbe oder orangefarbene Flecken, vor allem zur Paarungszeit. Die Fersenhöcker an der Basis der innersten Zehen sind groß und halbrund. Der höchste Punkt findet sich in der Mitte der Höcker. Die Männchen haben graue Brunftschwielen an den Daumen, zwei seitlich ausstülpbare weißliche Schallblasen (Abb. 17.25) und weisen zur Paarungszeit eine gelbgrüne bis zitronengelbe Oberseite auf. Ihre Paarungsrufe sind langgezogen und schnarrend. Für das menschliche Ohr klingen sie höher und nicht so abgehackt wie beim Seefrosch. Von den Rufen des Teichfrosches sind sie jedoch nur schwer unterscheidbar.

Verbreitung
Im Einzelnen noch ungenügend bekannt, da bei Kartierungen oft keine exakte Unterscheidung zum Teichfrosch erfolgt ist. Offenbar aber im größten Teil des Gebietes vorkommend. Von Meeresspiegelhöhe bis 800 m ü. NN, jedoch vorwiegend im Tief- und Hügelland.

Abb. 17.25 Rufendes Männchen mit charakteristischen weißlichen Schallblasen. (Foto B. Trapp)

Lebensräume
Wiesen und Weiden, aufgelockerte Wälder, Erlenbrüche, Hochmoor-
randbereiche und Flussauen. Als Laichgewässer dienen kleinere und
mittelgroße stehende Gewässer sowie langsam fließende Wiesengräben.
In Feld-, Wald- und Wiesen- sowie Auengewässern und Fischteichen
sowie in sauren Heideweihern und Hochmoorgewässern.

Lebensweise
Überwintert wird in frostgeschützten Landquartieren. Ab März wandern
die Tiere in ihre Laichgewässer ein. Im Mai/Juni ist die Hauptfortpflanzungszeit, und die Männchen lassen ausgiebig vom späten Vormittag
(vor allem bei sonnig-warmem Wetter) bis tief in die Nacht hinein ihre
lauten Paarungsrufe ertönen. Vom Weibchen werden pro Saison zwischen 400 und 4500 Eier in mehreren Portionen an Pflanzen geheftet. Sie
haben einen Durchmesser von 1,5–2 mm und sind oberseits hell-bräun-
lich, unterseits weißlich. Ende Juni/Anfang Juli verlassen viele Tiere das
Gewässer und begeben sich auf Wiesen, Weiden und in Wälder. Im September suchen Kleine Wasserfrösche ihre Winterquartiere auf. Nahrung:
Insekten (Käfer, Zweiflügler, Zikaden, Libellen), Spinnen, Würmer und
Schnecken sowie kleinere Wirbeltiere einschließlich eigener Artgenos-
sen. Feinde: Im Allgemeinen dürften die Feinde des Teichfrosches auch
Kleine Wasserfrösche erbeuten.

Beobachtungstipps
Siehe Teichfrosch, Abschn. 17.14.

Gefährdung
Status FFH-Richtlinie: streng zu schützende Art von gemeinschaftlichem Interesse (Anhang IV). Rote Liste Deutschland: Gefährdung
unbekannten Ausmaßes. Rote Liste Österreich: nicht gefährdet. Rote
Liste Schweiz: nicht gefährdet.

Gefährdungsursachen
Vor allem sind die für Amphibien generellen Gefährdungsfaktoren zu
nennen, besonders:

- Flurbereinigungen, die einhergehen mit der Beseitigung kleiner Stillgewässer, dem Umbruch von feuchtem Grünland sowie der Beseitigung von Vernetzungsstrukturen (Hecken).
- In Hochmoorweihern kann es zur Gefährdung durch Gewässerversauerung kommen.
- Auch Straßentod und Fischbesatzmaßnahmen reduzieren die Bestände.

Schutzmaßnahmen

- Die Sicherung der Lebensräume, gerade auch der besonders gefährdeten Hochmoorweiher sowie der typischen Kleingewässer in Verbindung mit dem Schutz eines geeigneten Umlandes aus Wiesen, Weiden, Hecken und Laubwäldern sind entscheidend für den Schutz des Kleinen Wasserfrosches.
- Da es sich um eine FFH-Art handelt, ist sie bei Planungen besonders zu berücksichtigen, das bedeutet auch, dass sie gut kartiert und richtig bestimmt werden muss!
- Die Anlage neuer Kleingewässer in Nachbarschaft zu bestehenden Vorkommen fördert die Vernetzung.
- Im Einzelfall können Maßnahmen gegen den Straßentod geboten sein.
- Vor allem im Falle größerer Populationen (mehrere Hundert Erwachsene) sollte eine gesetzliche Unterschutzstellung der Lebensräume erfolgen.

17.16 Seefrosch – *Pelophylax ridibundus*

Namen

Der deutsche Name spielt auf die größeren Gewässer an, die bevorzugt besiedelt werden. Der wissenschaftliche Gattungsname ist aus dem Griechischen „*ho pelós*" = „der Schlamm" abgeleitet. Der Erstbeschreiber, Peter Simon Pallas, verglich den Paarungsruf mit menschlichem Gelächter, weshalb er die Art „*ridibunda*" (lat. für lachend) nannte.

Merkmale

Bis 14 cm Körperlänge erreichender Vertreter der Wasserfrosch-Gruppe mit olivgrüner, grünbrauner, graubrauner oder brauner Oberseite. Darauf finden sich schwarzbraune, unregelmäßig begrenzte Flecken (Abb. 17.26). Dazu verläuft ein grasgrüner Mittelstreifen über den Rücken. Es gibt aber auch ganz anders aussehende Seefrösche (Beispiel Abb. 17.27). Die Unterseite ist kräftig dunkel bis schwärzlich marmoriert oder gefleckt. Auf den Oberschenkeln finden sich keine gelben Flecken. Die Fersenhöcker an der Basis der innersten Zehen sind klein und flach, in Seitenansicht sehen sie flach-dreieckig aus. Die Männchen

Abb. 17.26 Seefrösche haben eine graubraune Oberseite mit unregelmäßig begrenzten schwarzbraunen Flecken. Über die Rückenmitte verläuft meist ein grasgrüner Längsstreifen. Abgebildet ist ein Weibchen, erkennbar an der fehlenden Brunftschwiele des linken Daumens. (Foto T. Mutz)

Abb. 17.27 Völlig anders aussehender Seefrosch vom selben Fundort. Keine abgegrenzten Flecken und keine grüne Mittellinie zeichnen dieses Tier aus. Abgebildet ist ein Männchen, erkennbar an der grauen (verdickten) Brunftschwiele des linken Daumens. (Foto T. Mutz)

haben graue Brunftschwielen an den Daumen und zwei seitlich ausstülpbare, graue bis schwärzliche Schallblasen, die den Weibchen fehlen. Die lauten Paarungsrufe sind gut von denen des Kleinen Wasserfrosches und des Teichfrosches zu unterscheiden. Es sind Serien von klar begrenzten, abgehackten Strukturen mit deutlich wahrnehmbaren Intervallen, wodurch der Ruf wie ein „Meckern" (ä ä ä ä ä) klingt.

Verbreitung
Vorwiegend eine Art der Tiefländer und Talböden. Im größten Teil Deutschlands vorkommend, aber mit Fundlücken, südlich der Donau selten. Fehlt weitgehend in der Schweiz, ist hierin jedoch verschleppt worden (unterschiedliche Arten). In Österreich nur im östlichen Tiefland.

Lebensräume
In Mitteleuropa vor allem Flussauen und Marschen mit großflächigen Gründlandgebieten. Als Laichgewässer dienen größere und tiefe, sonnige, pflanzenreiche Stillgewässer, z. B. Altarme und Altwässer in Flussauen, Flussausbuchtungen, Kanäle mit naturnah ausgebauten Ufern sowie Weiher und Seen. Daneben in größeren Abgrabungsgewässern.

Lebensweise
Von begrenzten Wanderungen zwischen verschiedenen Gewässern abgesehen lebt der Seefrosch ganzjährig in und an Gewässern. Überwintert wird im Bodenschlamm oder unter Steinen am Gewässerboden. In Mitteleuropa von April bis September aktiv. Die Fortpflanzungszeit liegt im Mai/Juni. Je Weibchen werden bis 12.000 Eier in kleineren Klumpen an Wasserpflanzen abgelegt. Im Juni/August gehen die Jungfrösche an Land. Nahrung: Neben zahlreichen wirbellosen Tieren werden auch kleinere Wirbeltiere, z. B. Fische, Molche, Frösche (auch der eigenen Art) und Mäuse erbeutet. Feinde: neben verschiedenen Fischarten auch Wasserschildkröten, die Ringelnatter, zahlreiche Vogelarten sowie verschiedene Säuger.

Beobachtungstipps
Auffällig und leicht zu beobachten. An größeren Gewässern empfiehlt sich die Benutzung eines Fernglases. Im Frühsommer kann man an sonnig-warmen Tagen die Paarungsrufe vernehmen und das Paarungsverhalten beobachten. Von Juni bis August lassen sich in Ufernähe der Laichgewässer die frisch metamorphosierten Jungtiere auffinden.

Gefährdung
Status FFH-Richtlinie: Anhang V (aus kulinarischen Gründen, wegen der Froschschenkel). Rote Liste Deutschland: nicht gefährdet. Rote Liste Österreich: gefährdet (*vulnerable*). Rote Liste Schweiz: nicht beurteilt.

Gefährdungsursachen

- Die Art ist in Mitteleuropa durch Verschmutzung und Kanalisierung von Flüssen sowie durch die Beeinträchtigung der letzten naturnahen Auen gefährdet.

- Durch Aussetzungen von nicht einheimischen Wasserfröschen, wie besonders in der Schweiz geschehen, kann es zur Verdrängung der ursprünglichen Wasserfrosch-Formen kommen.

Schutzmaßnahmen

- Schutz der letzten naturnahen Auengebiete, z. B. an der unteren Elbe.
- Anlage neuer Kleingewässer in Nachbarschaft zu bestehenden Vorkommen, wodurch die Vernetzung gefördert wird.
- Im Einzelfall können Maßnahmen gegen den Straßentod erforderlich sein (Fangzäune in Kombination mit Eimerfallen).
- Verzicht auf Aussetzungen von Wasserfröschen jeglicher Art in Freilandgewässer!
- Im Bedarfsfall Rausfangen eingesetzter Fische. Umsetzen in Ersatzgewässer (in Zusammenarbeit mit örtlichem Angelsport- und Fischereiverband). Berücksichtigung des Schutzes gefährdeter heimischer Kleinfische, z. B. Schlammpeitzger.
- Lebensräume größerer Populationen (mehrere Hundert Erwachsene) sollten unter gesetzlichen Schutz gestellt werden.

Literaturtipps

Verwendete Literatur

Finch O-D, Brandt T (2017) Möglichkeiten und Grenzen des Fischbestandsmanagements in Kleingewässern – Hinweise zur Neuanlage von Gewässern und Entfernung von Fischen. Naturschutz Landschaftsplan 49(4):117–125

Weiterführende Literatur

Bressi N, Grossenbacher K (2009) *Hyla intermedia* Boulenger, 1882 – Italienischer Laubfrosch. In: Grossenbacher K (Hrsg) Froschlurche (Anura) II (Hylidae, Bufonidae). Handbuch der Reptilien und Amphibien Europas, Bd. 5/II. AULA, Wiebelsheim, S 85–96

Buck O (1993) Untersuchungen zur Autökologie der Knoblauchkröte (*Pelobates fuscus* Laurenti 1768): Habitatansprüche, Nahrungspräferenzen und Wachstum, Artenschutz. Dissertation. Universität Hamburg

Fritz K, Schwarze T (2007) Geburtshelferkröte *Alytes obstetricans* (Laurenti, 1768). In: Laufer H, Fritz K, Sowig P (Hrsg) Die Amphibien und Reptilien Baden-Württembergs. Ulmer, Stuttgart, S 253–270

Glandt D (2004) Der Laubfrosch. Laurenti, Bielefeld

Glandt D (2006) Der Moorfrosch. Laurenti, Bielefeld

Glandt D (2008) Der Moorfrosch (*Rana arvalis*): Erscheinungsvielfalt, Verbreitung, Lebensräume, Verhalten sowie Perspektiven für den Artenschutz. In: Glandt D, Jehle R (Hrsg) Der Moorfrosch/The Moor Frog. Zeitschrift für Feldherpetologie, Supplement 13., S 11–34

Glandt D (2014) *Rana arvalis* Nilsson, 1842 – Moorfrosch. In: Grossenbacher K (Hrsg) Froschlurche, Ranidae I. Handbuch der Reptilien und Amphibien Europas, Bd. 5/IIIA. AULA, Wiebelsheim, S 11–113

Gollmann B, Gollmann G (2012) Die Gelbbauchunke, 2. Aufl. Laurenti, Bielefeld

Gollmann B, Borkin L, Grossenbacher K, Weddeling K (2014) *Rana temporaria* – Grasfrosch. In: Grossenbacher K (Hrsg) Froschlurche, Ranidae I. Handbuch der Reptilien und Amphibien Europas, Bd. 5/IIIA. AULA, Wiebelsheim, S 305–437

Grosse W-R (2009) Der Laubfrosch, 2. Aufl. Westarp Wissenschaften, Hohenwarsleben

Große W-R (2009) Laubfrösche – Europa, Mittelmeerregion, Kleinasien. Chimaira, Frankfurt/M

Große W-R et al (2015) Die Lurche und Kriechtiere (*Amphibia et Reptilia*) des Landes Sachsen-Anhalt. Berichte des Landesamtes für Umweltschutz Sachsen-Anhalt, Bd. 4. Landesamt für Umweltschutz Sachsen-Anhalt, Halle

Grossenbacher K (2014) *Rana latastei* Boulenger, 1879 – Italienischer Springfrosch. In: Grossenbacher K (Hrsg) Froschlurche, Ranidae I. Handbuch der Reptilien und Amphibien Europas, Bd. 5/IIIA. AULA, Wiebelsheim, S 243–262

Hachtel M, Grossenbacher K (2014) *Rana dalmatina* Bonaparte 1838 – Springfrosch. In: Grossenbacher K (Hrsg) Froschlurche, Ranidae I. Handbuch der Reptilien und Amphibien Europas, Bd. 5/IIIA. AULA, Wiebelsheim, S 115–186

Kempkes M (2012) Der Amphibienhelfer. Neue Brehm Bücherei kompakt, Bd. 3. Westarp Wissenschaften, Hohenwarsleben

Krone A (Hrsg) (2008) Die Knoblauchkröte (*Pelobates fuscus*) – Verbreitung, Biologie, Ökologie und Schutz. Rana, Sonderheft 5. Natur & Text, Rangsdorf (Tagungsbd)

Krone A, Kühnel K-D (Hrsg) (1996) Die Rotbauchunke (*Bombina bombina*). Ökologie und Bestandssituation in Brandenburg. RANA, Sonderheft 1. Natur & Text, Rangsdorf (Tagungsbd)

Krone A, Kühnel K-D, Berger H (1997) Der Springfrosch (*Rana dalmatina*). Ökologie und Bestandssituation in Brandenburg. RANA, Sonderheft 2. Natur & Text, Rangsdorf (Tagungsbd)

Landesamt für Natur, Umwelt und Verbraucherschutz Nordrhein-Westfalen, NABU – Naturschutzstation Münsterland e.V. (Hrsg) (2016) Die Knoblauchkröte (*Pelo-*

bates fuscus). Verbreitung, Biologie, Ökologie, Schutzstrategien und Nachzucht. LANUV-Fachbericht 75, 1–279, Recklinghausen.

Maletzky A, Geiger A, Kyek M, Nöllert A (Hrsg) (2016) Verbreitung, Biologie und Schutz der Erdkröte *Bufo bufo* (Linnaeus, 1758) mit besonderer Berücksichtigung des Amphibienschutzes an Straßen. Mertensiella, Bd. 24. DGHT, Mannheim (Tagungsbd)

Meyer A, Zumbach S, Schmidt B, Monney J-C (2009) Auf Schlangenspuren und Krötenpfaden. Amphibien und Reptilien der Schweiz. Haupt, Bern

Nöllert A (1990) Die Knoblauchkröte, 2. Aufl. Neue Brehm Bücherei, Bd. 561. Ziemsen, Wittenberg

Nöllert A, Grossenbacher K, Laufer H (2014) *Pelobates fuscus* (Laurenti, 1768) – Knoblauchkröte. In: Grossenbacher K (Hrsg) Froschlurche, Ranidae I. Handbuch der Reptilien und Amphibien Europas, Bd. 5/I. AULA, Wiebelsheim, S 465–562

Plötner J (2005) Die westpaläarktischen Wasserfrösche. Laurenti, Bielefeld

Sinsch U (1998) Biologie und Ökologie der Kreuzkröte. Laurenti, Bochum

Sinsch U, Schneider H, Tarkhnishvili DN (2009) *Bufo bufo*-Superspecies – Erdkröten-Artenkreis. In: Grossenbacher K (Hrsg) Froschlurche (Anura) II: Hylidae, Bufonidae. Handbuch der Reptilien und Amphibien Europas, Bd. 5/II. AULA, Wiebelsheim, S 191–335

Stöck M, Roth P, Podloucky R, Grossenbacher K (2014) Wechselkröten. In: Grossenbacher K (Hrsg) Froschlurche (Anura) II. Handbuch der Reptilien und Amphibien Europas, Bd. 5/II. AULA, Wiebelsheim, S 413–498

Thüringer Landesanstalt für Umwelt (1996) Verbreitung, Ökologie und Schutz der Gelbbauchunke. Naturschutzreport, Bd. 11, Hefte 1/2. Thüringer Landesanstalt für Umwelt, Jena (Tagungsbd)

Tobias M (2000) Zur Populationsökologie von Knoblauchkröten (*Pelobates fuscus*) aus unterschiedlichen Agrarökosystemen. Dissertation, Universität Braunschweig

Uthleb H (2012) Die Geburtshelferkröte. Laurenti, Bielefeld

Westermann A, Seyring M (2015) Nördliche Geburtshelferkröte. In: Große W-R et al (Hrsg) Die Lurche und Kriechtiere (*Amphibia et Reptilia*) des Landes Sachsen-Anhalt. Berichte des Landesamtes für Umweltschutz Sachsen-Anhalt, Bd. 4. Landesamt für Umweltschutz Sachsen-Anhalt, Halle/Saale, S 168–184

18.1 Europäische Sumpfschildkröte – *Emys orbicularis*

Namen

Der deutsche Name leitet sich vom Vorkommen in Europa und dem Aufenthalt in sumpfigen Lebensräumen ab. Hierauf verweist auch der aus dem Griechischen stammende Gattungsname, während der wissenschaftliche Artname aus dem Lateinischen stammt und „rundlich" bedeutet.

Merkmale

Maximale Rückenpanzerlänge (Stockmaß) von 23 cm. Der mäßig gewölbte Rückenpanzer weist in Aufsicht einen rundlichen bis ovalen Umriss sowie einen ungesägten glatten Hinterrand auf. Der Bauchpanzer endet vorne und hinten glattrandig, kann am hinteren Ende aber auch schwach eingekerbt sein. Oberseits mit dunkelbrauner bis schwärzlicher Grundfarbe, darauf finden sich unterschiedlich dicht stehende Punkte, Flecken oder Striche (Abb. 18.1). Bauchpanzer dunkel, in nördlichen Populationen fast schwarz. Der Rückenpanzer ist bei nördlichen Tieren dunkel, fast schwarz, während im Süden oft solche mit hellen (bräunlichgelben) Rückenpanzern vorkommen. In der Regel werden die Weibchen größer als die Männchen.

© Springer-Verlag GmbH Deutschland, ein Teil von Springer Nature 2018
D. Glandt, *Praxisleitfaden Amphibien- und Reptilienschutz*,
https://doi.org/10.1007/978-3-662-55727-3_18

Abb. 18.1 Europäische Sumpfschildkröten zeichnen sich oberseits durch eine dunkle Grundfarbe mit vielen gelblichen Tupfern und Flecken aus. (Foto B. Trapp)

Verbreitung

Bodenständige (autochthone) Vorkommen nur noch sehr selten (NO-Deutschland, Raum Wien, ob noch in der Schweiz ist unklar).

Lebensräume

Im Norden des Verbreitungsgebietes Tieflandbewohner. Wärmeliebende Art, die an flache, stehende und sonnenexponierte Gewässer gebunden ist, die in wenig bewaldeten Landschaften oder auch direkt in Wäldern liegen. Sehr wichtig sind geeignete Nistplätze. Im günstigen Falle liegen diese oberhalb der Gewässer an Böschungen u. ä. Vielfach müssen die Weibchen zur Eiablage jedoch beträchtliche Wanderungen über Land unternehmen, um geeignete Stellen aufzusuchen. Sonnenexponierte, gut drainierte Flächen mit lockerem grabfähigem Substrat und nur spärlicher krautiger Vegetation werden hierzu benötigt. Die Überwinterung findet im Bodenschlamm von Gewässern statt.

Lebensweise
In Mitteleuropa wird von Oktober bis März/April eine Winterruhe gehalten. Eiablagen finden im April/Mai statt. Die Jungtiere schlüpfen im Spätsommer/Herbst, bleiben aber in nördlichen Breiten in der Nistgrube, um dort zu überwintern. Nahrung: Vorwiegend Tiere, aber auch pflanzliche Nahrung wird genommen. „Würmer", Wasserschnecken, Krebse (z. B. Bachflohkrebse) sowie vielerlei Insekten und deren Larven. Auch Fische sowie Amphibien und deren Larven werden erbeutet. Ältere Tiere fressen zusätzlich Wasserpflanzen, gelegentlich auch Landpflanzen. Feinde: Nester und frisch geschlüpfte Jungtiere werden von vielen anderen Tieren ausgegraben oder bei ihren Wanderungen erbeutet. Bekannt ist hierfür vor allem das Wildschwein. Auch Rotfuchs, Dachs, Waschbär, Marderhund, Fischotter und andere Säuger werden genannt. Daneben gibt es viele Vogelarten, die die Schildkröten und ihre Eier fressen, so Raben- und Greifvögel, Reiher, Stelzvögel sowie Möwen. Durch ausgesetzte Rotwangen-Schmuckschildkröten (*Trachemys scripta elegans*) werden Sumpfschildkröten zumindest in ihrer Lebensfähigkeit beeinträchtigt, vielleicht auch verdrängt.

Beobachtungstipps
Scheu und nicht leicht zu beobachten. Am ehesten gelingt dies am späten Vormittag oder auch über Mittag bei sonnigem Wetter. Dabei ist ein Fernglas hilfreich, da die Tiere bei Annäherung rasch ins Wasser flüchten.

Gefährdung
Status FFH-Richtlinie: Tiere von gemeinschaftlichem Interesse, für die besondere Schutzgebiete auszuweisen sind (Anhang II und IV).

Rote Liste Deutschland: bis auf kleine Restvorkommen in Nordostdeutschland ausgestorben. An vielen Stellen finden sich jedoch ausgesetzte Tiere. Rote Liste Österreich: vom Aussterben bedroht (*critically endangered*); Rote Liste Schweiz: vom Aussterben bedroht (*critically endangered*), vielleicht ausgestorben.

Gefährdungsursachen

- Die jahrhundertelange Trockenlegung von Sümpfen und Bruchwäldern sowie die Regulierung der Flüsse haben ein großflächiges Aussterben, z. B. im Oberrheingraben, bewirkt.
- Dazu kam der systematische Wegfang von Tieren als begehrte Fastenspeise.
- In den letzten 50 Jahren hat vor allem die Intensivierung der Landwirtschaft zu einer weiteren Verschlechterung geführt, da hierdurch viele Feuchtgebiete vernichtet oder zumindest beeinträchtigt wurden.

Schutzmaßnahmen

- Am Nordrand ihres Verbreitungsgebietes, wo schon von Natur aus klimatische Grenzen gesetzt sind, müssen alle Anstrengungen des Schutzes der Restpopulationen unternommen werden.
- Maßnahmen gegen Gewässerverschmutzungen (Abwasserreinigung).
- Sicherung noch verbliebener Feuchtgebiete und naturnaher feuchter Wälder.
- Schutz, bei Bedarf Neuanlage von vegetationsarmen Nistplätzen.
- Auslichtung dichter Gehölzbestände.
- Wiedervernässung und Vernetzung von Feuchtgebieten (Lebensraumverbund), da die Art eine Kombination aus mehreren Teillebensräumen benötigt.
- Ausweisung spezieller Schutzgebiete.
- Die in manchen Ländern (Frankreich, Deutschland) betriebenen Zuchtprogramme mit anschließender Freilassung in der Natur (Bestandsstützung, Wiederansiedlung) können nur eine flankierende Maßnahme darstellen.

Literaturtipps

Hofer U, Monney J-C, Dušej G (2001) Die Reptilien der Schweiz. Birkhäuser, Basel

Meeske MA-C (2006) Die Europäische Sumpfschildkröte am nördlichen Rand ihrer Verbreitung in Litauen. Laurenti, Bielefeld

Meyer A, Zumbach S, Schmidt B, Monney J-C (2009) Auf Schlangenspuren und Krötenpfaden – Amphibien und Reptilien der Schweiz. Haupt, Bern

Schiemenz H, Günther R (1994) Verbreitungsatlas der Amphibien und Reptilien Ostdeutschlands. Natur und Text, Rangsdorf

19.1 Blindschleiche, Westliche Blindschleiche – *Anguis fragilis*

Namen

Der deutsche Name „Westlich" weist auf die Verbreitung hin. Die Art ist keineswegs blind, hat zwei wohlentwickelte Augen und bewegliche Augenlider, womit die Augen geschlossen werden können. Das Wort „Blindschleiche" stammt vom Althochdeutschen „Plintslicho" und bedeutet „blendende oder glänzende Schleiche", vermutlich wegen der bleiglänzenden Färbung. Der hohe Schuppenglanz kann zudem je nach Lichteinfall zu einer kurzzeitigen Blendung des Beobachters führen. Aus Blendschleiche könnte durch Lautverschiebung (e zu i) Blindschleiche entstanden sein. Der wissenschaftliche Name (lat. *fragilis* = zerbrechlich) weist darauf hin, dass die Tiere bei Ergreifen leicht einen Teil ihres Schwanzes abwerfen.

Merkmale

Der langgestreckte Körper ist völlig beinlos und erinnert an den einer Schlange. Unverletzt erreicht er bis 54 cm, meist aber nur 40–45 cm. Davon entfallen bis 22 cm auf den Kopf-Rumpf-Abschnitt. Frisch ge-

© Springer-Verlag GmbH Deutschland, ein Teil von Springer Nature 2018
D. Glandt, *Praxisleitfaden Amphibien- und Reptilienschutz*,
https://doi.org/10.1007/978-3-662-55727-3_19

Abb. 19.1 Blindschleichen haben oberseits eine blasse graubraune Grundfarbe. Darauf finden sich viele kleine dunkle Flecken, die einen streifigen Eindruck erzeugen können. Die Männchen (Bild) sind an den Körperseiten ebenfalls hell, die Weibchen dunkel gefärbt. (Foto S. Bogaerts)

schlüpfte Jungtiere weisen 7–9 cm Gesamtlänge auf. Sie sind oberseits sehr hell, fast weißlich bis blass-gelblich, golden oder silbergrau und haben auf dem Kopf eine tropfenförmige dunkelbraune Zeichnung sowie eine schmale, schwarzbraune Rückenlinie (Abb. 19.2). Die meisten Weibchen behalten die dunkle Rückenlinie zeitlebens. Den erwachsenen Männchen fehlt sie dagegen. Sie sind oberseits heller, gräulich, hellbräunlich oder rötlich-braun gefärbt (Abb. 19.1) und nicht so kontrastreich wie Junge und Weibchen.

Verbreitung
Nahezu im gesamten behandelten Gebiet vorkommend. Von Meeresspiegelhöhe bis 2400 m ü. NN.

Abb. 19.2 Wenige Tage altes Jungtier der Blindschleiche. Charakteristisch sind die helle Oberseite mit dunkeln tropfenförmigen Flecken auf dem Kopf, die Rückenmittellinie sowie die dunklen Körperseiten. (Foto B. Trapp)

Lebensräume

Lichte Wälder (besonders Laubwälder und hier vor allem Kalkbuchenwälder) mit alten Baumstubben und Totholz, Schneisen, Lichtungen und krautigen Wegsäumen, vielfältig strukturierte Waldränder, buschbestandene Hänge mit Felsbereichen, Abgrabungen (vor allem Kalksteinbrüche), Bahndämme, Grabenböschungen, Gärten u. a. Bevorzugt werden deckungsreiche Vegetation und eine gewisse Bodenfeuchte.

Lebensweise

Der Winter wird in selbstgegrabenen frostsicheren Erdhöhlen oder in Kleinsäugerbauten verbracht. In Mitteleuropa sind die Tiere von März bis Oktober aktiv. Auch dann in erheblichem Maße unterirdisch lebend. Bei der Paarung verbeißt sich das Männchen in den Nacken des Weibchens und bringt durch Umbiegen des Körpers seine Kloake in die Nähe der seiner Partnerin. Mit einem der beiden Begattungsorgane (Hemipenes) wird die Kopulation vollzogen. Die Art ist lebendgebärend und setzt im Spätsommer (August/September) meist 6–10 Jungtiere ab

(Abb. 19.2), die sich in einer dünnen klaren Hülle befinden, aus der sie sich durch ruckartige Bewegungen rasch befreien. In der Dämmerung oder nachts unterwegs, aber auch tagsüber in der Sonne liegend zu beobachten. Nahrung: Nacktschnecken, Regenwürmer, kleinere Insekten und deren Larven sowie Asseln und Spinnen. Feinde: Fuchs, Marder, Iltis, Dachs und Wildschwein, im Siedlungsbereich auch Hauskatzen, daneben verschiedene Vögel, z. B. Mäusebussard, Rabenkrähe, Turmfalken. Schlingnattern erbeuten nicht nur junge, sondern auch erwachsene Blindschleichen.

Beobachtungstipps
Hochheben von Müll (Bretter, Plastikfolien etc.). Sehr effektiv ist das Auslegen künstlicher Versteckplätze (Bleche, Bretter, Dachpappe, Gipskarton- oder Steinplatten) in Lebensräumen, in denen Blindschleichen vermutet werden oder bereits einmal beobachtet wurden. In Lehrveranstaltungen (Schulklassen, Studentenexkursionen) kann man durch rasches, aber behutsames Zugreifen Tiere fangen und viel an ihnen erklären. Achtung: Nicht am Schwanz anpacken, da er leicht abgeworfen wird und das Tier entwischt!

Gefährdung
Status FFH-Richtlinie: ungefährdet.

Rote Liste Deutschland: ungefährdet. Rote Liste Österreich: potenziell gefährdet (*near threatend*). Rote Liste Schweiz: ungefährdet.

Gefährdungsfaktoren

- Da die Datengrundlage bei der schwierig nachzuweisenden Art gering ist, lassen sich keine quantitativen Einschätzungen vornehmen. Nachweise sollten an Naturschutzvereine bzw. -behörden und an Kartierprojekte/Arbeitskreise gemeldet werden.
- Relativ häufig wird durch Fahrrad- oder Autofahrer verursachter Straßentod nachgewiesen.
- Immer noch werden Blindschleichen erschlagen, weil die harmlosen Tiere für (Gift-)Schlangen gehalten werden.
- Weiterhin werden viele Blindschleichen bei der Wiesen- und Böschungsmahd sowie in Gärten beim Rasenmähen getötet.

- Zudem stellen ihnen Hauskatzen nach.
- Daneben ist die Ausräumung der Landschaft ein wichtiger Gefahrenfaktor.

Schutzmaßnahmen

- Naturnahe Waldbewirtschaftung.
- Sicherung von Wegsäumen, strukturreichen Waldrändern, Bracheflächen, Hecken und Feldgehölzen sowie mäßig bewirtschafteten Heuwiesen.
- Freihalten kleiner Waldlichtungen, in denen von Zeit zu Zeit aufkommende Gehölze beseitigt werden.
- Keine Aufforstung von Kleinlichtungen mit Nadelhölzern in Gebieten mit Laub- und Mischwäldern.
- Abstellen des unvernünftigen Erschlagens; hierzu ist Aufklärungsarbeit, z. B. an den Schulen, erforderlich.
- Anlage naturnaher Gärten ohne Pestizideinsatz und mit guten Versteckplätzen (Totholzhaufen, unverfugte Natursteinmauern).
- Absuchen der Rasenflächen vor jedem Rasenmähen.
- Stromleitungstrassen mit mosaikreichen Flächen und Säumen können, wenn sie gepflegt werden (Entbuschung, Mahd, z. B. von aufkommendem Adlerfarn), gute Blindschleichen-Lebensräume bieten. Sie führen durch verschiedene Lebensräume der Kulturlandschaft und tragen zur Biotopvernetzung bei.
- Flächen mit großen Beständen (mehr als 30 Erwachsene und Halbwüchsige) sollten unter gesetzlichen Schutz gestellt werden.

19.2   Kroatische Gebirgseidechse – *Iberolacerta horvathi*

Namen

Der deutsche Name bezieht sich auf das Vorkommen. Der wissenschaftliche Gattungsname betrifft die Iberische Halbinsel, wo die meisten Arten der Gattung vorkommen. Der Artname wurde zu Ehren des ungarischen Herpetologen Géza Horváth (1847–1937) vergeben.

Merkmale

Gesamtlänge bis 18 cm, Kopf-Rumpf-Länge 6,5 cm. Kopf, Rücken und Schwanzoberseite hellbräunlich, graugrünlich bis weißlichgrau gefärbt. Am Nasenloch beginnend zieht sich über die Schläfengegend und die obere Hälfte der Flanken ein breites, dunkel- bis rotbraunes Längsband, dessen oberer Rand wellenförmig begrenzt ist (Abb. 19.3). Dieses Band zieht auch über die Schwanzseiten, wo es charakteristische aneinandergereihte Rhomben bildet. Auf der Rückenmitte mit schmaler brauner Linie, die unvollständig ausgebildet sein kann. Die Jungtiere gleichen in Färbung und Zeichnung weitgehend den Erwachsenen, haben aber auffallend spangrüne oder grünlichgraue Schwänze.

Von der sehr ähnlichen Mauereidechse, vor allem den gestreiften Weibchen, unterscheidet sich *I. horvathi* durch das auch an den Schwanzseiten vorhandene Flankenband mit dem Rhombenmuster. Bei der Waldeidechse verläuft das dunkelbraune Flankenband nahezu geradlinig an der Grenze zum Rücken und wird von einer hellen Seitenlinie begrenzt. An den Schwanzseiten fehlt das Rhombenmuster.

Verbreitung

Das kleine und zersplitterte Verbreitungsgebiet reicht nördlich bis Österreich, wo die Art in Osttirol, den Gailtaler Alpen und im östlichen Teil

Abb. 19.3 Die Kroatische Gebirgseidechse zeichnet sich durch eine helle Grundfarbe des Rückens und ein breites, dunkles, zum Rücken hin wellenförmig begrenztes Band an den Körperseiten aus. (Foto B. Trapp)

der Karnischen Alpen sowie in den Karawanken vorkommt. Eine Gebirgsart, die von 250 m aufwärts bis 1200 m ü. NN zu finden ist.

Lebensräume

In feuchten kühlen Gebirgsgegenden. Dabei werden steiniges Gelände, Klippen, Karstgestein, Brücken und Straßenböschungen bevorzugt. Meist halten sich die Tiere direkt an Felswänden, in der Nähe von Spalten oder im Geröll, das teilweise von Moos, Gräsern und kleinen Farnen überwachsen ist, auf. Auch an unverfugten Stützmauern und in ihrem Spaltensystem. In tieferen Lagen oft mit der Mauereidechse vergesellschaftet. Dort bevorzugt die gut kletternde *I. horvathi* glatte und steile Felsflächen, auf denen sie als die leichtere Art im Gegensatz zur schwereren Mauereidechse noch genügend Halt findet.

Lebensweise

Die Länge der Winterruhe und die jährliche Aktivitätsperiode hängen vom jeweiligen Fundort und dem Lokalklima ab. In Kärnten von Ende Mai bis Anfang Oktober aktiv mit Schwerpunkt im Juli. Das einzige Gelege mit 2–5 (meist 3) Eiern, die 16–18 mm lang und 8 mm breit sind, wird im Juli in Felsspalten abgesetzt. Jungtiere wurden im August beobachtet. Nahrung: Schnecken, Asseln, Spinnentiere, Doppelfüßer, Insekten, wobei Hautflügler, Zweiflügler und Käfer dominieren. Die Feinde sind nicht bekannt.

Beobachtungstipps

Im Frühjahr und Herbst von 10 bis 16 Uhr aktiv und am besten über Mittag zu beobachten. In höheren Lagen zeigt sich die Art im Mai sogar bei noch vorhandenem Restschnee. Im Sommer findet man sie am ehesten zwischen 9 und 12 sowie 15 und 17 Uhr.

Gefährdung/Schutzmaßnahmen

Durch das kleine Areal und die Isolation der einzelnen Populationen könnte *I. horvathi* eine potenziell gefährdete Art sein. Zumindest in den Karnischen und Julischen Alpen kommt sie jedoch oftmals in hoher bis sehr hoher Dichte vor und ist hier nicht gefährdet. An steilen Hängen oberhalb 1000 m ü. NN, wo keine menschlichen Negativwirkungen bekannt sind, dürfte die Art ohnehin ungefährdet sein.

19.3   Zauneidechse – *Lacerta agilis*

Namen

Der deutsche Name weist darauf hin, dass die Art gerne Grenzstrukturen bewohnt, z. B. Wegränder, Hecken usw. Der wissenschaftliche Artname (lat. *agilis* = flink, beweglich) passt nicht ganz, da die Art eher als langsam bezeichnet werden kann. Der lateinische Gattungsname (*Lacerta*) bedeutet „Eidechse".

Merkmale

In Mitteleuropa bis 24 cm Gesamtlänge erreichende Eidechsenart von gedrungener Gestalt. Kopf-Rumpf-Länge bis 9,6 cm. Kopf hoch und kurz, die Schnauze endet stumpf. Schuppen auf der Rückenmitte schmaler und stärker gekielt als die an den Körperseiten. Der Rücken weist meist größere, oft rechteckig aussehende, dunkelbraune Flecken mit weißlichen Kernen auf. Gleiches gilt für den oberen Flankenbereich, wobei die dunkelbraunen Flecken von unregelmäßiger Form oder rundlich sind. Männchen an den Kopfseiten, Flanken und Vorderbeinen grün gefärbt, besonders zur Paarungszeit (Abb. 19.4a). Weibchen oberseits mit brauner Grundfarbe (Abb. 19.4b). Jungtiere oberseits bräunlich mit kleinen hellen, dunkel gerandeten Flecken.

Verbreitung

Im behandelten Gebiet weit verbreitet. Vor allem in tieferen und mittleren Höhenlagen anzutreffen.

Lebensräume

Strukturreiche, aufgelockerte Lebensräume. Hierin müssen vegetationsfreie Stellen auf grabfähigem Substrat vorhanden sein, in die die Weibchen ihre Eier eingraben können. In den Tieflandregionen werden vor allem Heidegebiete auf Sandböden, aufgelockerte Ränder, z. B. von Kiefern-, Birken- und Eichenwäldern, sowie lückige Grasländer besiedelt. Weiterhin werden viele durch den Menschen geschaffene Lebensräume bewohnt, z. B. Bahndämme (auch deren Schotterkörper und Gleise), Abgrabungen (Sand-, Kies- und Tongruben, Steinbrüche, vor allem auf Kalkgestein) und Bracheflächen mit Schutt und Müll sowie

Abb. 19.4 **a** Die Männchen der Zauneidechse sind an den Flanken und Kopfseiten leuchtend grasgrün gefärbt, die Weibchen (**b**) dagegen graubraun mit weißlichen Flecken oder kurzen Streifen. (Fotos B. Trapp)

naturnahe Gärten. In den Gebirgen werden südexponierte Hanglagen mit trockenen Grasländern sowie Flusstäler mit Schotterflächen besiedelt.

Lebensweise

In Mitteleuropa beginnt die Jahresaktivität im März/April. Im Spätsommer/Herbst verschwinden zuerst die Männchen in die Winterquartiere, gefolgt von den Weibchen und zuletzt den Jungtieren. Letztere können bis Oktober beobachtet werden. Im April/Mai paaren sich die Tiere. Je Weibchen werden 5–10 weichschalige weiße Eier von 12–15 mm Länge und 7–10 mm Breite in lockeres Substrat, z. B. Sand, abgelegt. Im August/September schlüpfen die bis ca. 6,5 cm langen Jungtiere. Nahrung: Insekten, Spinnen, Hundert- und Tausendfüßer, Regenwürmer, Schnecken. Feinde: viele Vogelarten, z. B. Greife, Eulen, Neuntöter, Krähen, daneben verschiedene Säuger, z. B. Dachs, Wildschwein (beide graben Gelege aus), Fuchs, Igel und Hauskatzen. Reptilien: Schlingnatter, Kreuzotter.

Beobachtungstipps

Wenig scheu, am besten in der Paarungszeit (April/Mai) zu beobachten, zwischen 10 und 12 oder ab 16 Uhr. Gut nachweisbar sind die Jungtiere (August/September), da sie sich gern auf den vegetationsarmen Flächen, wo sie geschlüpft sind, aufhalten. Mittels Digitalfotografie erscheint eine individuelle Wiedererkennung des Rückenmusters möglich.

Gefährdung

Status FFH-Richtlinie: streng zu schützende Art von gemeinschaftlichem Interesse (Anhang IV).

Rote Liste Deutschland: ungefährdet (Vorwarnliste). Rote Liste Österreich: potenziell gefährdet (*near threatened*). Rote Liste Schweiz: verletzlich (*vulnerable*).

Gefährdungsursachen

- Überbauung und Abgrabung von Lebensräumen.
- Natürliches Zuwachsen der Lebensräume mit Gehölzen, dadurch Verschattung.

- Intensivierung der land- und forstwirtschaftlichen Bodennutzung, womit auch die Beseitigung breiter, gegliederter Wald- und Wegränder einhergeht.
- Nährstoffüberfrachtung von Säumen (Wegränder, Waldränder).
- Einschleppung konkurrenzstarker Eidechsen (Mauereidechsen aus Italien).
- Weitere, bislang wenig bekannte Einflüsse (Spritzmittel, andere Schadstoffe?).

Schutzmaßnahmen

- Sicherung und regelmäßige Pflege geeigneter Lebensräume, das bedeutet von Zeit zu Zeit behutsame Entbuschungen.
- Im Einzelnen kann diese Pflege aufwendig sein, wie sich in den niederländischen und norddeutschen Heidelandschaften mit Besenheide (*Calluna vulgaris*) als dominanter Art gezeigt hat, da die frühere Nutzung, die diese Flächen entstehen ließ, heute nicht mehr praktiziert wird.
- Gleichermaßen wichtig ist die Sicherung linienartiger Verbindungsstrukturen wie Wegsäume und Hecken.
- Aufgegebene Bahndämme und Industriebrachen erfordern regelmäßige Pflegemaßnahmen.
- Verzicht auf Spritzmittel jeglicher Art.
- Fortschreitende Fragmentierung der Landschaft, z. B. durch zunehmende Straßendichte und erhöhtes Verkehrsaufkommen. Alle Schutzbemühungen müssen auf eine regionale Vernetzung der Bestände ausgerichtet sein.
- Straßendurchlässe, Tunnel und Grünbrücken werden genutzt. Bei Bedarf sind sie zu optimieren.
- Straßenbegleitgrün sollte optimiert werden. Selbst Mittelstreifen, soweit bewachsen und gut strukturiert, werden besiedelt.
- Flächen mit großen Populationen (mehr als 50 Erwachsene und Halbwüchsige) sollten unter gesetzlichen Schutz gestellt werden.

19.4 Westliche Smaragdeidechse – *Lacerta bilineata*

Namen

Der deutsche Name „Westlich" rührt von der Verbreitung im westlichen Mitteleuropa her. Der Name „Smaragdeidechse" zielt auf die grüne Grundfarbe. Der wissenschaftliche Artname (lat. *bilineata* = zweigestreift) weist auf die beiden hellen Streifen an den Grenzen des Rückens zu den Flanken der Weibchen hin.

Merkmale

Bis 13 cm Kopf-Rumpf-Länge erreichend, mit langem Schwanz (unversehrt bis zum Dreifachen der Kopf-Rumpf-Länge), ungefleckter Bauchseite und ohne hellen Längsstreifen auf der Rückenmitte. Grundfarbe der Oberseite, vor allem bei den Männchen, gras- bis gelbgrün (Abb. 19.5). Weibchen können braun gefärbt sein. Auf der Grundfarbe häufig eine mehr oder weniger dichte dunkle Sprenkelung aus kleinen schwarzen (Männchen) oder größeren dunklen Flecken (Weibchen). Bei vielen Weibchen (seltener bei Männchen) findet sich an der Grenze des Rückens zur Flanke jederseits ein weißlicher Längsstreifen. Die frisch geschlüpften Jungtiere sind an den Kopf- und Halsseiten sowie häufig auch auf der Kehle grün, gelblich oder türkis gefärbt (diejenigen der Östlichen Smaragdeidechse dagegen braun).

Verbreitung

In Deutschland im äußersten Westen (Rhein, Nahe, Mosel). In der Schweiz auf der Südabdachung der Alpen. Fehlt in Österreich.

Lebensräume

An der Nordgrenze des Verbreitungsgebietes besiedeln Smaragdeidechsen trocken-warme Lebensräume, wann immer möglich an südexponierten Hanglagen, z. B. aufgelassene vergraste Weinberge, Bahn- und Leitungstrassen und trockene Grasländer. Strukturvielfalt im Lebensraum ist wesentlich, vor allem ein Mosaik aus Büschen, Gräsern und vegetationsfreien Flächen.

Abb. 19.5   Die Männchen der Westlichen Smaragdeidechse sind oberseits grasgrün gefärbt. Darauf finden sich zahlreiche kleine, dunkle Flecken. Die unteren Kopfseiten sind blass-blau. (Foto B. Glandt)

Lebensweise

In Mitteleuropa von August/September bis Februar/März im Winterquartier. Von April bis Juni finden die Paarungen statt. Im Mai/Juni werden 5 bis 23 Eier abgelegt, die weiß sind und 13–19 mm Länge sowie 8–11 mm Breite aufweisen. Aus diesen schlüpfen im Spätsommer/Herbst die Jungtiere. Nahrung: Insekten, Asseln, Landschnecken, kleinere Wirbeltiere, z. B. junge Säuger, kleine Echsen und junge Schlangen sowie Eier von Kleinvögeln. Feinde: verschiedene Vogelarten, z. B. Greif- und Rabenvögel, Würger, Säuger (Wildschweine, Fuchs, Hauskatzen, Mauswiesel, Spitzmäuse, Igel, Hermelin) und Reptilien fressende Schlangen, z. B. Schlingnatter.

Beobachtungstipps

Auffällig und nicht schwer zu beobachten. Von April bis Juli/August nach den erwachsenen Tieren Ausschau halten, nach Jungtieren im August/September.

Gefährdung

Status FFH-Richtlinie: ungeklärt (da mit *Lacerta viridis* zusammen behandelt).

Rote Liste Deutschland: stark gefährdet. In Rheinland-Pfalz und Baden-Württemberg als „vom Aussterben bedroht" eingestuft. Rote Liste Schweiz: verletzlich (*vulnerable*). Fehlt in Österreich.

Gefährdungsursachen

- Isolation der Populationen am nördlichen Rand des Verbreitungsgebietes. Nach lokalem Aussterben ist keine natürliche Wiederbesiedlung möglich.
- Dichter Gehölzaufwuchs, der regelmäßige Pflegemaßnahmen erfordert.
- Verlust sonnenexponierter, vegetationsfreier Flächen mit grabfähigem Substrat (Sand, Verwitterungsgrus) als Eiablageplätze

Schutzmaßnahmen

- An Ober- und Mittelrhein sowie an der Mosel sind naturverträgliche Weinbaumethoden erforderlich.
- Aussparen aufgelassener, vergraster Weinbergparzellen, die von Zeit zu Zeit zu pflegen sind.
- Anlage und Pflege sonnenexponierter Partien mit Sand oder Verwitterungsgrus als Eiablageplätze.
- Sicherung, ggf. Neuanlage unverfugter Trockenmauern.
- Flächen mit großen Beständen (mehr als 50 Erwachsene und Halbwüchsige) sollten unter gesetzlichen Schutz gestellt werden.

19.5 Östliche Smaragdeidechse – *Lacerta viridis*

Namen

Der deutsche Name „Östlich" wurde wegen der Verbreitung vergeben, der Artname wegen des smaragdgrünen Aussehens. Der wissenschaftliche Artname weist ebenfalls auf die Färbung hin (lat. *viridis* = grün).

Merkmale

Bis 13 cm Kopf-Rumpf-Länge erreichende Eidechse mit langem Schwanz (unversehrt bis zum Dreifachen der Kopf-Rumpf-Länge), ungefleckter Bauchseite und ohne hellen Längsstreifen auf der Rückenmitte. Grundfarbe der Oberseite der erwachsenen Tiere smaragdgrün. Darauf dichte dunkle Sprenkelung aus kleinen dunklen Flecken. Männchen in der Paarungszeit mit blauer Kehle und unteren Kopfseiten (Abb. 19.6). Frisch geschlüpfte Jungtiere sind an Kopf- und Halsseiten braun.

Verbreitung

In Deutschland nur im östlichen Brandenburg und an der Donau im südöstlichen Bayern. In Österreich in den warmen Regionen des Nordostens, Ostens und Südostens. Fehlt in der Schweiz.

Abb. 19.6 Die Östliche Smaragdeidechse weist einen grünen Rücken mit zahlreichen dunklen Flecken auf. Die Männchen haben blaue Kopfseiten und eine ebenso gefärbte Kehle. (Foto G. Kreiner)

Lebensräume

An der Nordgrenze des Verbreitungsgebietes in trocken-warmen Lebensräumen, z. B. lichten Kiefernwäldern. Im Süden an sonnenexponierten
Hanglagen, Bahn- und Leitungstrassen, Rändern lichter Kiefernwälder
sowie in trockenen Grasländern. Bevorzugt wird Strukturvielfalt, vor allem ein Mosaik aus Büschen, Gräsern und vegetationsfreien Flächen.

Lebensweise

In Mitteleuropa wird von August/September bis Februar/März überwintert. Von April bis Juni finden die Paarungen statt. Im Mai/Juni werden
5–23 Eier abgelegt, die weiß sind und 13–19 mm Länge sowie 8–11 mm
Breite aufweisen. Aus diesen schlüpfen im Spätsommer/Herbst die Jungtiere. Nahrung: Insekten, Asseln, Landschnecken und kleinere Wirbeltiere, z. B. junge Säuger, kleine Echsen und junge Schlangen sowie Eier von
Kleinvögeln. Feinde: verschiedene Vogelarten, z. B. Greif- und Rabenvögel, Würger, Säuger (Wildschweine, Fuchs, Hauskatzen, Mauswiesel,
Spitzmäuse, Igel, Hermelin) und Reptilien fressende Schlangen, z. B.
Schlingnattern.

Beobachtungstipps

Auffällig und nicht schwer zu beobachten. Von April bis Juli/August
nach den erwachsenen Tieren Ausschau halten. Jungtiere lassen sich im
August/September nachweisen.

Gefährdung

Status FFH-Richtlinie: ungeklärt (da mit *Lacerta bilineata* zusammen
behandelt).

Rote Liste Deutschland: stark gefährdet. Rote Liste Österreich: stark
gefährdet (*endangered*).

Gefährdungsursachen

- Populationen am nördlichen Rand des Verbreitungsgebietes sind
  meist voneinander isoliert. Nach lokalem Aussterben ist keine natürliche Wiederbesiedlung möglich.
- Dichter Gehölzaufwuchs.

- Verlust sonnenexponierter, vegetationsfreier Flächen mit grabfähigem Substrat (Sand, Verwitterungsgrus) als Eiablageplätze.

Schutzmaßnahmen

- Förderung des Landschaftsverbundes durch strukturreiche Elemente (Waldränder, Hecken, Bracheflächen).
- Von Zeit zu Zeit Beseitigung zu dichten Gehölzbewuchses.
- Freilassen kleiner Kahlschläge innerhalb von (Kiefern-)Wäldern.
- Anlage und Pflege sonnenexponierter Sandpartien und Flächen mit Verwitterungsgrus als Eiablageplätze.
- Flächen mit großen Beständen (mehr als 50 Erwachsene und Halbwüchsige) sollten unter gesetzlichen Schutz gestellt werden.

19.6 Mauereidechse – *Podarcis muralis*

Namen

Der deutsche Name zielt auf die Bevorzugung von Mauern und anderen gesteinsgeprägten Lebensräumen ab. Auch der wissenschaftliche Artname weist darauf hin (lat. *murus* = Mauer, Wall).

Merkmale

Maximal 22,5 cm lange Art, Kopf-Rumpf-Länge bis 7,5 cm. Körper schlank, abgeflacht mit langem, zugespitztem, ebenfalls etwas abgeflachtem Kopf. Im größten Teil des Verbreitungsgebietes oberseits mit graubrauner Grundfarbe (Abb. 19.7a, b), manchmal mit einem Anflug von Grün. An den Flanken mit breitem dunkelbraunem Längsband, häufiger bei den Weibchen (und Jungtieren) als bei den erwachsenen Männchen. Bei Letzteren ist die Längsstreifigkeit oft aufgelöst und stattdessen ein netzartiges Grundmuster ausgebildet (Abb. 19.7a). Das Halsband (Schuppenreihe am Hinterrand der Kopfunterseite) ist glattrandig (bei der ähnlich aussehenden Waldeidechse gezackt).

Variiert geografisch stark. *Podarcis muralis muralis*: oberseits braun, graubraun oder grau, aber niemals grün. Kommt im südlichen und östlichen Österreich vor.

Abb. 19.7 a Mauereidechsen sind oberseits meist graubraun gefärbt. Darauf finden sich bei den Männchen Netzmuster aus dunklen Flecken. **b** Die Weibchen sind oberseits graubraun mit einer Reihe dunkler Flecken oder kurzer Streifen entlang der Rückenmitte. An den Flanken findet sich jeweils ein breites, dunkles, hell gesäumtes Längsband. (Fotos S. Meyer)

P. m. brogniardii (einschließlich *P. m. merremius*): oberseits überwiegend graubraun bei oft reduzierter Zeichnung. In manchen Populationen Tiere mit grünlichem Rücken. Westliche Schweiz, Belgien, südliche Niederlande (Maastricht) und Rheinland bis Bonn.

P. m. maculiventris ist eine braunrückige, seltener grünrückige Form. S-Schweiz (Tessin), Inntal (Österreich), SO-Bayern (Oberaudorf).

Daneben gibt es in vielen Gebieten ausgesetzte Tiere, die aus anderen Regionen stammen (nicht bodenständige = allochthone Populationen).

Verbreitung

In Deutschland nur im Westen (von der Nordeifel bis zum Bodensee). In Österreich vor allem im Süden, Süd- und Nordosten. In der Schweiz weit verbreitet. Allochthone Tiere sind an vielen Stellen zu erwarten.

Lebensräume

Im Norden des Verbreitungsgebietes auf trocken-warme Standorte beschränkt, vor allem sonnenexponierte Geröllhalden, Steilwände, Geländeabrisse etc. In vom Menschen geschaffenen Lebensräumen ähnlicher Struktur, z. B. in Steinbrüchen, an Mauern und historischen Gebäuden mit unverfugtem Mauerwerk, in Weinbergen sowie an Bahnanlagen. Auch innerhalb von Städten, z. B. Saarbrücken und Halle/Saale.

Lebensweise

In Mitteleuropa von Anfang/Mitte Februar bis in den November aktiv. Selbst bei Lufttemperaturen unter 10 °C und nach Frostnächten von Dezember bis Februar außerhalb des Winterquartieres anzutreffen. Von April bis Juni finden die Paarungen statt, bis August legen die Weibchen 2–11 weiße kalkschalige Eier ab, die im Schnitt 10–12 mm lang und 5–7 mm dick sind. Diese werden in selbst gegrabene Erdgänge von 10–20 cm Tiefe abgelegt, weshalb ein lockeres Substrat bevorzugt wird. Nahrung: Gliederfüßer, vor allem Spinnen und Insekten, außerdem Asseln, Tausendfüßer, Schnecken und Regenwürmer. Feinde: Vögel (Mäusebussard, Turmfalke, Neuntöter u. a.), kleinere Säuger (Spitzmäuse, Wanderratte, Hermelin, Steinmarder, Hauskatzen) und Schlangen wie Schling- und Äskulapnatter.

Beobachtungstipps

Wenig scheu, neugierig, leicht zu beobachten. An windstillen, sonnigen oder wechselnd bewölkten Tagen in geeigneten Lebensräumen umsehen, vor allem im Frühsommer (Erwachsene) und Herbst (Jungtiere). Günstig sind die Vormittagsstunden und der Spätnachmittag. Im zeitigen Frühjahr, Herbst und vor allem in den Wintermonaten ist der Mittag ergiebiger.

Gefährdung

Status FFH-Richtlinie: streng zu schützende Art von gemeinschaftlichem Interesse (Anhang IV).

Rote Liste Deutschland: ungefährdet (Vorwarnliste); in Norddeutschland, den südlichen Niederlanden und Belgien, wo die Art an ihre klimatisch bedingte Grenze stößt, gefährdet. Rote Liste Österreich: stark gefährdet (*endangered*); Rote Liste Schweiz: ungefährdet.

Gefährdungsursachen

- Fragmentierung der Lebensräume und Isolierung ihrer Populationen
- Großflächige Monokulturen, z. B. im Weinbau
- Beseitigung unverfugter Mauern
- Klettersport
- Einschleppung/Aussetzung gebietsfremder Tiere

Schutzmaßnahmen

- Vermeidung der Fragmentierung der Lebensräume und Isolierung der Populationen, wozu auch das dichte Straßennetz und das wachsende Verkehrsaufkommen beitragen. Alle Schutzbemühungen müssen deshalb auf eine regionale Vernetzung der Bestände und ihrer Lebensräume ausgerichtet sein.
- Sicherung eines kleinstrukturierten Nutzungssystems, anstatt immer großflächigere Wein-Monokulturen zu betreiben.
- Sicherung unverfugter Mauern alter Bauwerke (Burgen, Festungen) und besonders der Stütz- und Grenzmauern in Weinbaugebieten.
- Schutz exponierter Felsen, die vom Klettersport auszunehmen sind.

- Nach Nutzungsaufgabe, z. B. von Steinbrüchen, müssen von Zeit zu Zeit Pflegemaßnahmen (Entbuschungen) durchgeführt werden.
- Schwierig zu entscheiden ist, wie man mit den nicht bodenständigen (allochthonen) Populationen umgehen soll. Eine Vernetzung mit bodenständigen (autochthonen) Populationen sollte jedenfalls vermieden werden. Für eine Diskussion siehe Schulte (2008).
- Flächen mit großen Beständen (mehr als 50 Erwachsene und Halbwüchsige) sollten unter gesetzlichen Schutz gestellt werden.

19.7 Waldeidechse – *Zootoca vivipara*

Namen

Der deutsche Name zielt auf die Lebensweise in Wäldern und an deren Rändern ab. Andere deutsche Namen sind Bergeidechse (Süddeutschland, Alpenländer), wegen des Vorkommens im Gebirge, und Mooreidechse (Norddeutschland), wegen des Aufenthaltes in Hochmooren. Der wissenschaftliche Artname weist auf die Fortpflanzung (lat. *viviparus* = lebendgebärend) hin.

Merkmale

Bis 18 cm lang werdend, zierlich gebaut und unscheinbar gefärbt. Kopf-Rumpf-Länge der Männchen 4–6 cm (selten über 6,5), Weibchen 4,5–7 cm (selten über 7,5), Jungtiere ca. 2 cm. Grundfarbe der Oberseite braun (Abb. 19.8). Daneben gibt es gelbliche, gräuliche, rötliche oder grünliche Tiere, hin und wieder auch Schwärzlinge. Die Flanken weisen breite dunkelbraune, zum Rücken hin gerade verlaufende Längsbänder auf, vor allem bei den Weibchen. Rücken und Flanken sind jederseits durch einen weißlichen Längsstreifen getrennt, welcher auch in Einzelflecke aufgelöst sein kann. Vom Nacken bis auf einen Teil der Schwanzoberseite zieht sich ein dunkelbrauner bis schwärzlicher Rückenstreifen, der ebenfalls in Einzelflecke aufgelöst sein kann, was bei Männchen häufiger vorkommt als bei Weibchen. Frisch geschlüpfte Jungtiere sind sehr dunkel, schwarzbraun mit kleinen hellen Flecken.

Abb. 19.8 Waldeidechsen sind oberseits braun gefärbt. An den Flanken verläuft jederseits ein breites, dunkelbraunes Band, das vor allem bei den Weibchen zum Rücken durch einen hellen, gerade verlaufenden Längsstreifen begrenzt ist. (Foto S. Meyer)

Verbreitung

Nahezu im gesamten behandelten Gebiet vorkommend, von Meeresspiegelhöhe bis über 2500 m ü. NN.

Lebensräume

Besiedelt werden unterschiedlichste Lebensräume, von feucht-nassen Hochmoorrändern über frische/feuchte Wiesen- und Waldränder, Schneisen etc. bis zu trockenen Dünen entlang der Flüsse und an den Küsten. Neben Wäldern bewohnt die Art auch locker bebuschte Bereiche und Zwergstrauchheiden sowie die alpinen Matten oberhalb der Waldgrenze.

Lebensweise

Waldeidechsen kommen sehr früh im Jahr aus den Winterquartieren. Im Tiefland Mitteleuropas können die ersten Erwachsenen manchmal schon Ende Februar im Freien beim Sonnenbad beobachtet werden. Die Win-

Abb. 19.9 In Mitteleuropa bringen die Weibchen voll entwickelte Jungtiere zur Welt, die nur noch von einer dünnen durchscheinenden Hülle umgeben sind, welche kurz nach Geburt durchstoßen wird. Das Gelbe in der angrenzenden Hülle ist der Rest des Dotters. (Foto S. Meyer)

terquartiere werden im September/Oktober aufgesucht. Die Paarungen finden im April/Mai statt. In Mitteleuropa gebärt das Weibchen im Juli/August zwischen 3 und 8 (max. 11) voll entwickelte Jungtiere, die nur noch von einer dünnen durchscheinenden Hülle umgeben sind, welche kurz nach Geburt durchstoßen wird (Abb. 19.9). Nahrung: Insekten, besonders Zikaden, Zweiflügler und Schmetterlingsraupen sowie Spinnen, daneben Hundert- und Tausendfüßer sowie Landschnecken. Feinde: Reiher, Störche, Greifvögel, Würger, viele Säuger, z. B. Spitzmäuse, Nagetiere, Fuchs und Wildschwein. Schließlich Reptilien, vor allem Schlingnatter, Aspisviper und Kreuzotter.

Beobachtungstipps

Erwachsene sind am besten im zeitigen Frühjahr zu beobachten, wenn sie aus dem Winterversteck kommen und sich auf Holzstößen und

Baumstubben sonnen. Gut nachweisbar sind auch die Jungtiere (August/September).

Gefährdung

Status FFH-Richtlinie: ungefährdet.

Rote Liste Deutschland: ungefährdet. Rote Liste Österreich: potenziell gefährdet (*near threatened*). Rote Liste Schweiz: ungefährdet.

Gefährdungsursachen

- Weit verbreitet und häufig, vor allem in den bewaldeten Mittelgebirgen. Regional allerdings selten oder stark zurückgegangen, z. B. in den großen Ballungsgebieten wie dem Ruhrgebiet.
- Gelitten haben die Bestände durch den massiven Torfabbau und die Vernichtung der meisten Hochmoore im niederländisch-deutschen Tieflandsgebiet.
- Ein Problem stellt die natürliche Verbuschung und Bewaldung der Lebensräume dar, z. B. in Abgrabungen, Binnendünen und trockengelegten Hochmoorresten.

Schutzmaßnahmen

- Von Zeit zu Zeit Entbuschung zugewachsener Kleinlichtungen und Waldränder.
- Kleine Kahlschläge nicht aufforsten.
- Waldränder sollten breit gegliedert sein. Landwirtschaftliche Nutzung bis an den Baumbestand heran sollte unterbleiben.
- Hochmoorränder sollten erhalten bleiben, sie sind nicht abzutorfen!
- Abgrabungen mit guten Beständen sichern, aufkommende Gehölze von Zeit zu Zeit auslichten.
- Erhaltung, ggf. Auslage liegender und vertikaler Kleinstrukturen: Totholz-Stämme, Zaunpfosten, kleinere Holzstapel, Baumstümpfe, umgestürzte Bäume mit Wurzelteller usw.
- Schutz vor Eutrophierung der Waldränder/Säume: Pufferstreifen zu intensiv genutzten Flächen anlegen.
- Stromleitungstrassen mit mosaikreichen Flächen und Säumen, können, wenn sie gepflegt werden (Entbuschung, Mahd, z. B. von aufkommendem Adlerfarn), gute Waldeidechsen-Lebensräume bieten.

Sie führen durch verschiedene Lebensräume der Kulturlandschaft und tragen zur Biotopvernetzung bei.

- Flächen mit großen Populationen (mehr als 50 Erwachsene und Halbwüchsige) sollten unter gesetzlichen Schutz gestellt werden. Von Zeit zu Zeit ist zu starker Gehölzaufwuchs auszulichten!

Literaturtipps

Verwendete Literatur

Schulte U (2008) Die Mauereidechse – erfolgreich im Schlepptau des Menschen. Laurenti, Bielefeld

Weiterführende Literatur

Blanke I (2010) Die Zauneidechse – zwischen Licht und Schatten. Laurenti, Bielefeld

Cabela A, Grillitsch H, Tiedemann F (2001) Atlas zur Verbreitung und Ökologie der Amphibien und Reptilien in Österreich. Umweltbundesamt, Wien

Elbing K (2001) Die Smaragdeidechsen – zwei (un)gleiche Schwestern. Laurenti, Bochum

Glandt D (2015) Die Amphibien und Reptilien Europas – Alle Arten im Porträt. Quelle & Meyer, Wiebelsheim

Lantermann W, Lantermann Y (2017) Heimische Eidechsen im Freiland und Terrarium. Faszination, Haltung und Schutz. Kleintierverlag Thorsten Geier, Biebertal

Laufer H, Schulte U (Hrsg) (2015) Verbreitung, Biologie und Schutz der Mauereidechse, *Podarcis muralis* (Laurenti, 1768). Mertensiella, Bd. 22. DGHT, Mannheim (Tagungsbd)

Mertens R (1975) Kriechtiere und Lurche, 6. Aufl. Kosmos, Stuttgart

Mertens R, Schnurre O (1949) Eidonomische und ökologische Studien an Smaragdeidechsen Deutschlands. Abhandlungen Senckenbergischen Naturforschenden Ges 481:1–28

Thiesmeier B (2013) Die Waldeidechse – ein Modellorganismus mit zwei Fortpflanzungswegen. Laurenti, Bielefeld

Völkl W, Alfermann D (2007) Die Blindschleiche – die vergessene Echse. Laurenti, Bielefeld

20.1 Schlingnatter, Glattnatter – *Coronella austriaca*

Namen

Die deutschen Namen verweisen auf das Umschlingen der Beutetiere beim Fressakt (Schlingnatter) bzw. die glatten ungekielten Schuppen (Glattnatter). Der wissenschaftliche Gattungsname (lat. *coronella* = Krönchen) bezieht sich auf die dunkle Zeichnung auf der Kopfoberseite. Der Artname stammt aus dem Lateinischen (*austriaca* = österreichisch, die Art wurde erstmals aus Wien beschrieben).

Merkmale

Bis 70 cm (selten bis 90 cm) lang werdend mit glatten, ungekielten und häufig glänzenden Schuppen. Oberseite mit bräunlicher bis grauer Grundfarbe. Kopfoberseite mit auffälliger kronenähnlicher (oft Y-förmiger), hufeisen- oder herzähnlicher Zeichnung (Abb. 20.1). Vom Nasenloch über das Auge bis zum Halsbereich zieht ein dunkelbrauner Längsstreifen. Über den Rücken verlaufen zwei Reihen dunkler, meist eckiger Flecken, die parallel angeordnet oder gegeneinander versetzt sind. Diese können zu Querbarren oder Längsstreifen verschmelzen. Seltener gibt es zeichnungsarme bis einfarbige Individuen, z. B. braun-

© Springer-Verlag GmbH Deutschland, ein Teil von Springer Nature 2018
D. Glandt, *Praxisleitfaden Amphibien- und Reptilienschutz*,
https://doi.org/10.1007/978-3-662-55727-3_20

Abb. 20.1 Schlingnattern sind oberseits blass-braun bis beige gefärbt. Darauf finden sich dunkle Flecken, die in Querreihen angeordnet oder zu Längsbändern verschmolzen sind. Charakteristisch sind die auffällige Kopfzeichnung („Krönchen") und das dunkle Längsband, das vom Nasenloch über das Auge bis zum Hals zieht. Die Schuppen sind glatt, d. h. ungekielt. (Foto B. Trapp)

graue, rötliche, einfarbig schwarze oder weißliche Tiere. Die Unterseite ist dunkelgrau bis schwärzlich, Jungtiere sind ziegelrot.

Die unscheinbare Natter ist selbst den meisten Naturfreunden unbekannt und wird oft für eine Kreuzotter oder Blindschleiche gehalten. Von der Kreuzotter unterscheidet sie sich durch die runde Pupille, das Fehlen eines Zickzackbandes auf dem Rücken und die symmetrischen großen Kopfschilder (bei der Kreuzotter unregelmäßige kleinere Schilder). Blindschleichen sind keine Schlangen, sondern Echsen und haben bewegliche Augenlider (Schlangen mit „starrem Blick").

Verbreitung

In allen drei Ländern (Deutschland, Österreich, Schweiz) weit verbreitet, dabei vorwiegend in Mittelgebirgen mit wärmebegünstigten Flusstälern. Im Tiefland lückiger vorkommend.

Lebensräume

Trockene, sonnenexponierte Lebensräume mit niedriger Vegetation, z. B. von Büschen durchsetzte Flächen mit Gräsern und Zwergsträuchern, Waldränder, Kahlschläge, Schonungen, lichte Mischwälder, Heideflächen, Felshänge, Steinbrüche, Sand- und Tongruben, Ruinen und Weinberge sowie Schotterfluren unverbauter Flüsse. Daneben in wiedervernässenden Randbereichen von Hochmooren.

Lebensweise

In Mitteleuropa kommen die Tiere meist im April aus dem Winterquartier. Im Oktober/November werden diese wieder aufgesucht. Nach dem Auswintern gibt es eine kurze Phase, in denen sich die Tiere ausgiebig sonnen, dann eine Frühjahrshäutung vollziehen und sich im April/Mai paaren. Im August/September setzen die Weibchen meist 4–8 (max. 19) voll entwickelte Jungtiere ab, die rasch ihre durchsichtige letzte Eihülle aufreißen, um ins Freie zu gelangen. Sie sind griffeldünn und zwischen 12 und 21 cm lang. Nahrung: Jungtiere erbeuten Insekten und andere junge Echsen. Die Erwachsenen fressen Echsen einschließlich Blindschleichen und Kleinsäuger (Wühl- und Spitzmäuse), Insekten (Käfer, Heuschrecken), nestjunge Vögel und Jungtiere anderer Schlangen, auch der manchmal im selben Lebensraum vorkommenden Kreuzotter. Feinde: Iltis, Hermelin und Wildschweine, unter den Vögeln vor allem Mäusebussard.

Beobachtungstipps

Unscheinbar und gut getarnt, deshalb nicht leicht zu finden. In gesteinsgeprägten Lebensräumen, z. B. Weinbergen, Steinbrüchen und Ruinen, Umdrehen flacher besonnter Steine, möglichst bei kühlem Wetter. An Wald- und Wegrändern kann die Art vormittags beim Sonnenbad beobachtet werden. Mittels ausgelegter künstlicher Verstecke (Bretter, Bleche) gut nachweisbar. Da das Hochheben immer eine Störung darstellt, sollte nur in größeren Zeitabständen kontrolliert werden und im Rahmen abgestimmter wissenschaftlicher Untersuchungen. Mit der Digitalfotografie lassen sich die Individuen aufgrund des „Krönchens" und anderer Zeichnungsmerkmale unterscheiden.

Gefährdung

Status FFH-Richtlinie: streng zu schützende Art von gemeinschaftlichem Interesse (Anhang IV).

Rote Liste Deutschland: gefährdet. Rote Liste Österreich: verletzlich (*vulnerable*). Rote Liste Schweiz: verletzlich (*vulnerable*).

Gefährdungsursachen

- Hauptgefährdungsfaktor ist der Verlust der Lebensräume, z. B. durch Zerstörung, dichtes Aufforsten von Lichtungen oder ehemaligen Heidegebieten sowie durch natürliches Zuwachsen (Verbuschung, Bewaldung) gehölzarmer Flächen.
- Auch die „Rekultivierung" strukturreicher Abgrabungen kann wertvolle Biotope zerstören (Abb. 20.2 und 20.3; Müller 2016).
- Daneben spielen der Klettersport (Störungsfaktor) und das Wegfangen von Tieren für terraristische Zwecke eine Rolle sowie aufgrund einer Verwechslung mit Kreuzottern das Erschlagen.

Schutzmaßnahmen

- Sicherung und regelmäßige Pflege (z. B. Entbuschung) angestammter Lebensräume. Ziel soll ein abwechslungsreiches Vegetationsmosaik sein.
- Sicherung und Pflege vielfältig strukturierter Abgrabungen, vor allem nach Beendigung des Rohstoffabbaues. Verzicht auf Rekultivierung bzw. Verfüllung, da hierdurch eine ökologische Entwertung erfolgt (Abb. 20.2 und 20.3; Müller 2016).
- Schonende Unterhaltung von Eisenbahnstrecken, Straßen- und Kanalböschungen.
- Stromleitungstrassen (z. B. im Marscheider Wald bei Wuppertal) können, wenn sie gepflegt werden (Entbuschung, Mahd, z. B. von aufkommendem Adlerfarn), gute Schlingnatter-Lebensräume darstellen, die mosaikreiche Flächen und Säume bieten. Sie führen durch verschiedene Lebensräume der Kulturlandschaft, auch durch Wald, und können maßgeblich zur Biotopvernetzung beitragen.
- Lenkung der Freizeitnutzung (Klettersport) im Umfeld nachgewiesener Vorkommen.

Abb. 20.2 Abgrabungsfläche im Kreis Wesel (Niederrhein, Nordrhein-Westfalen, März 1986) in einem für Reptilien günstigen, vielfältig strukturierten Entwicklungsstadium. Seinerzeit lebten hier fünf Reptilienarten (Zauneidechse, Waldeidechse, Blindschleiche, Kreuzotter und Schlingnatter). (Foto W. R. Müller)

Abb. 20.3 Dieselbe Abgrabungsfläche wie in Abb. 20.2, jetzt „rekultiviert" (April 2017), wodurch sie ökologisch entwertet und für Reptilien nicht mehr geeignet ist. Das Foto wurde diesmal von einem erhöhten Standpunkt aus aufgenommen. (Foto W. R. Müller)

- Förderung individuenreicher Reptilienvorkommen (Echsen etc.) als Nahrungsgrundlage älterer Schlingnattern.
- Ausweisung von Pufferzonen, um Pestizid- und Düngereinträge aus dem Umland zu reduzieren; hierdurch Förderung der Insektenvielfalt als Nahrungsgrundlage der Jungtiere.
- Das Erschlagen von Schlangen und Blindschleichen sollte der Vergangenheit angehören! Hier ist Aufklärungsarbeit gefordert, besonders in den Schulen.
- Flächen mit großen Beständen (mehr als 30 Erwachsene und Halbwüchsige) sollten unter gesetzlichen Schutz gestellt werden!

20.2   Gelbgrüne Zornnatter – *Hierophis viridiflavus*

Namen

Der deutsche Name weist auf die gelbliche Fleckung auf schwarzem Untergrund und das aggressive Verhalten hin. Der wissenschafltiche Artname „*viridiflavus*" (lat. *viridis* = grün, *flavus* = gelb) geht ebenfalls auf die Färbung zurück.

Merkmale

Bis 1,60 m lang werdend. Körper schlank, Schwanz spitz auslaufend. Schuppen ungekielt. Oberseite mit auffälliger gelb-schwarzer Fleckung (Abb. 20.4). Jungtiere weisen eine einfarbige, blasse, gräuliche oder olivbräunliche Rumpfoberseite auf, während die Kopfoberseite kräftig schwarz-gelb gefleckt ist.

Verbreitung

Im behandelten Gebiet nur in der südlichen Schweiz (Kantone Genf, Tessin, Graubünden).

Lebensräume

Bevorzugt werden trockene, gering bewaldete Lebensräume, z. B. lockere Gebüschformationen, Straßen- und Waldränder, Steinbrüche, Steinhaufen, altes Gemäuer, Weingärten, Gärten (auch innerhalb von Ortschaften) und lichte Wälder.

Abb. 20.4 Die Gelbgrüne Zornnatter ist an ihren auffälligen gelb-schwarzen Flecken und Streifen auf dunklem Untergrund erkennbar. (Foto B. Trapp)

Lebensweise

Die Winterruhe der tagaktiven Schlange dauert von September/Oktober bis März/April. Paarungen finden im April/Mai statt. Ende Juni/Anfang Juli werden die Gelege in Löcher, Erdspalten, Hohlräume alter Mauern oder in den Sandbänken trockener Flussbetten abgesetzt. Sie umfassen 5–15, selten bis zu 20 Eier, von 28–40 mm Länge und 14–22 mm Breite. Nahrung: Kleinsäuger (Nagetiere), Vögel, Reptilien, Amphibien und Wirbellose. Feinde: Jungtiere werden von Katzen, Igeln, Raben- und Hühnervögeln, großen Eidechsen und verschiedenen Schlangen erbeutet.

Beobachtungstipps

Gut nachweisbar. Die Tiere sind jedoch sehr schnell und fliehen rasch. Im Gebüsch und unter Steinen auffindbar. Nachweise können vor allem im Frühjahr (Paarungszeit) durch Kontrollieren von Straßen erbracht werden, z. B. als Totfunde oder nach Sonnenuntergang, wenn die Tiere auf dem Asphalt liegen, um die gespeicherte Wärme zu nutzen. Vorsicht ist geboten, um keine Tiere zu überfahren!

Gefährdung

Status FFH-Richtlinie: streng zu schützende Art von gemeinschaftlichem Interesse (Anhang IV).

Rote Liste Schweiz: stark gefährdet (*endangered*). Fehlt in Deutschland und Österreich.

Gefährdungsursachen

Lokale Gefährdungen stellen Beeinträchtigungen oder die Beseitigung ihrer Lebensräume durch Baumaßnahmen, Landwirtschaft etc. dar und besonders der Straßenverkehr. Vor allem während der Fortpflanzungszeit werden wandernde Tiere überfahren.

Schutzmaßnahmen

- Vernetzung der Populationen durch Landschaftskorridore mit strukturreichen Landschaftselementen (gegliederte Waldränder, Hecken, Bracheflächen).
- Vermeidung der Überbauung gut besiedelter Flächen, in Sonderfällen Umsiedlung in geeignete Ersatzbiotope.
- Abfangen wandernder Tiere an Straßen (ggf. mit vorübergehendem Fangzaun in Kombination mit Eimerfallen) zwecks Vermeidung von Straßentod.
- Flächen mit großen Beständen (mehr als 30 Erwachsene und Halbwüchsige) sollten unter gesetzlichen Schutz gestellt werden!

20.3　Vipernatter – *Natrix maura*

Namen

Der deutsche Name weist auf die Ähnlichkeit der Rückenzeichnung mit der einer Viper hin, indem die dunklen Flecken zu einem Zickzack- oder Wellenband verschmelzen können. Der wissenschaftliche Artname zielt auf die Verbreitung u. a. in NW-Afrika und die angestammte Bevölkerung der Mauren ab.

Merkmale

Meist 60–80 cm, maximal einen Meter lang. Färbung der Oberseite variabel, grau, ocker, gräulichbraun, rötlichbraun, blass orange bis schwefelgelb. Auf der Kopfoberseite mit dunkler V-förmiger Figur, deren Schenkel zu den Mundwinkeln ziehen. Häufig finden sich auf graubrauner Grundfarbe dunkle Flecken, die zu einem wellenförmigen Zickzackband verschmelzen können (Abb. 20.5). An den Körperseiten meist eine Reihe großer dunkler Flecken, die oftmals einen weißlichen Kern haben, wodurch ein augenähnlicher Eindruck entsteht. Daneben gibt es monoton gefärbte Individuen (Abb. 20.6). Schuppen der Oberseite deutlich gekielt.

Ringelnattern sind größer und haben kein Zickzack- oder Wellenband. Die Schuppen der Schwanzoberseite sind wenig gekielt oder glatt. Die Würfelnatter, mit der die Vipernatter in der SW-Schweiz zusammen vorkommt, weist ebenfalls kein wellenförmiges Zickzackband auf. Beide

Abb. 20.5 Die Vipernatter ist oberseits sehr variabel gefärbt und gezeichnet. Häufig finden sich auf graubrauner Grundfarbe dunkle Flecken, die zu einem wellenförmigen Zickzackband verschmelzen können. (Foto A. Meyer)

Abb. 20.6 Kontrastarmes Individuum der Vipernatter aus dem Kanton Genf. (Foto A. Meyer)

Arten lassen große augenähnliche Flecken an den Körperseiten vermissen.

Verbreitung

In der Schweiz nur im Südwesten (Kantone Genf, Waadt und Wallis). Am Genfer See mit der schwer hiervon unterscheidbaren Würfelnatter zusammen vorkommend. Fehlt in Deutschland und Österreich.

Lebensräume

In und an stehenden sowie langsam fließenden Gewässern der verschiedensten Art. Die Ufer müssen einerseits sonnenexponierte Partien zum Sich-Sonnen aufweisen, andererseits dichter bewachsene Bereiche mit Versteckplätzen.

Lebensweise

Winterruhe in Erdlöchern, unter Baumstrunken, in alten Gemäuern und an ähnlichen Plätzen. Diese dauert bis zu 5 Monate (November–März). Paarungen im April/Mai. Im Juli werden 3–16, meist aber weniger als 10 Eier, an feucht-warmen Stellen abgelegt, aus denen nach rund zwei Monaten 15–22 cm lange Jungtiere schlüpfen. Nahrung: Amphibien und deren Larven sowie Fische, Insekten und andere Wirbellose. Feinde: Kleinsäuger und größere Vogelarten, z. B. Schwarzmilan.

Beobachtungstipps

Leicht zu beobachten, da kaum scheu. Im Frühjahr und Herbst tagsüber anzutreffen.

Gefährdung

Status FFH-Richtlinie: ungefährdet.

Rote Liste Schweiz: vom Aussterben bedroht (*critically endangered*).

Gefährdungsursachen

- Verschmutzung und Ausbau von Flüssen.
- Störung der Tiere.
- In den 1920er-Jahren wurden am Genfer See Würfelnattern ausgesetzt, die den kleineren Vipernattern überlegen sind und sie allmählich verdrängen.

Schutzmaßnahmen

- Flussrenaturierungen
- Naturnahe Umgestaltung der Ufer des Genfer Sees
- Wegfangen und Umsiedeln ausgesetzter Würfelnattern

20.4   Ringelnatter – *Natrix natrix*

Namen

Der deutsche Name leitet sich von den beiden hellen, halbmondförmigen Flecken am Hinterkopf ab, die den Eindruck eines Ringes erzeugen. Der wissenschaftliche Gattungs- und Artname stammt von lat. *natare* (= schwimmen).

Merkmale

Bis zwei Meter, meist aber nur bis einen Meter Länge erreichend. Nackenbereich mit zwei auffälligen hellen Flecken („Mondflecken", Abb. 20.7). Grundfarbe der Oberseite grau, grünlich, bräunlich oder bläulich. Darauf finden sich 3–6 Längsreihen kleiner schwarzer Flecken, die an den Körperseiten in bestimmten Regionen (z. B. im westlichen Mitteleuropa) zu senkrecht stehenden Barren verschmelzen können (Abb. 20.8). Ergreift man eine Ringelnatter, wehrt sie sich oft durch die Leerung ihrer Analdrüsen. Der dabei erzeugte knoblauchartige Geruch ist ausgesprochen scharf und unangenehm. Dieser und die abgesonderte kalkweiße Flüssigkeit haften noch nach Stunden an Händen und Kleidung. Hinweis: Würfel- und Vipernatter haben keine Mondflecken.

Verbreitung

In großen Teilen Mitteleuropas vorkommend, vor allem im Tiefland, aber mit Verbreitungslücken.

Lebensräume

Stehende und fließende, reich strukturierte Gewässer mit Verlandungszonen und deckungsreicher Vegetation im Umfeld. Weiher, Altarme, Teiche, Seen, Talsperren werden ebenso besiedelt wie Bäche, Kanäle, Entwässerungsgräben, Sümpfe und Moore. Aufgelassene Sand-, Ton- und Kiesgruben, Steinbrüche, vor allem, wenn sie Gewässer enthalten, werden ebenfalls besiedelt.

Lebensweise

In Mitteleuropa von März bis Oktober aktiv. Die Paarung findet nach der ersten Frühjahrshäutung im April/Mai statt. Im Juli/August werden die 20–40 mm langen und 11–24 mm breiten Eier abgelegt, und zwar

Abb. 20.7 Für Ringelnattern charakteristisch sind helle, gelbliche Nackenflecken („Mondflecken"). Das abgebildete Tier wurde in Ostdeutschland aufgenommen, wo Ringelnattern oberseits einfarbig dunkel gefärbt sind (Unterart *Natrix natrix natrix*). (Foto B. Trapp)

Abb. 20.8 Im westlichen Mitteleuropa kommt die Barren-Ringelnatter (*Natrix natrix helvetica*) vor, die an den Körperseiten kräftige dunkle Flecken oder senkrecht stehende Barren auf grauer Grundfarbe aufweist. (Foto B. Trapp)

in Laub-, Binsen- oder Schilf- sowie Kompost- und Sägemehlhaufen oder in mit Mulm gefüllten Baumhöhlen. Eine gewisse Feuchtigkeit und Selbsterwärmung durch Gärungsprozesse dieser Materialien sorgen für optimale Entwicklungsbedingungen. Nahrung: Braunfrösche, z. B. Gras- und Moorfrösche, Kröten, Amphibienlarven, im Wasser lebende Molche sowie Fische. Junge Ringelnattern leben von kleinen Amphibien und deren Larven. Feinde: viele Vogelarten. Unter den Säugern sind alle kleineren Raubtiere wie Fuchs und Vertreter der Marder-Familie (Dachs u. a.) zu nennen. Auch der Igel frisst Ringelnattern. Junge Ringelnattern werden von Laufkäfern, Spitzmäusen und anderen Kleinsäugern gefressen. Der Waschbär könnte ein Problem werden.

Beobachtungstipps
Tagaktiv, deshalb gut zu finden. Allerdings fliehen die Tiere, wenn sie aufgestöbert werden, sehr rasch.

Gefährdung
Status FFH-Richtlinie: ungefährdet.

Rote Liste Deutschland: Vorwarnliste. Rote Liste Österreich: potenziell gefährdet (*near threatend*). Rote Liste Schweiz: potenziell gefährdet (*near threatend*).

Gefährdungsursachen

- Intensivierung der Landwirtschaft, hierdurch Ausräumung der Landschaft.
- Beseitigung vielfältiger Landschaftselemente und Strukturen, z. B. Hecken, gegliederte Waldränder, Brachestreifen.
- Lebensraumzerstörungen, vor allem von Feuchtgebieten, z. B. Feuchtwiesen.
- Straßentod.
- Naherholung, Angelsport, Tourismus.

Schutzmaßnahmen

- Anreicherung der Landschaft durch Hecken, Gebüschsäume, gegliederte Waldränder und Bracheflächen.

- Schutz und Wiederherstellung von Feuchtgebieten.
- Wiedervernässung trockengelegter Grünlandflächen.
- Durch Anlage geeigneter Eiablageplätze (Dunghaufen, vor allem mit Pferdemist) kann die Art gefördert werden.
- An Straßenabschnitten mit häufiger überfahrenen Ringelnattern sollten Leitzäune mit Fangröhren/Eimerfallen errichtet werden!
- Für Gewässer mit guten Vorkommen sollte wegen der Störungen ein Angel- und Badeverbot erfolgen!
- Die Lebensräume größerer Populationen (mehr als 40 Erwachsene und Halbwüchsige) sollten gesetzlich geschützt werden!

20.5 Würfelnatter – *Natrix tessellata*

Namen

Der deutsche Name bezieht sich auf das gewürfelte Zeichnungsmuster der Oberseite. Auch der wissenschaftliche Artname verweist darauf (lat. *tessalla* = Würfelchen).

Merkmale

Bis 1,3 m lang werdend. Schuppen auf Rücken- und Schwanzoberseite gekielt. Grundfarbe der Oberseite grau oder braun mit vielen Übergängen. Darauf mehrere Reihen dunkler, würfelförmiger Flecken, die alternierend oder auf Lücke angeordnet sind und zu Querbändern verschmelzen können (Abb. 20.9).

Verbreitung

In Deutschland nur lokal (Mosel, Lahn, Nahe, mittlere Elbe), ebenso in der Schweiz (Tessin, Graubünden). In Österreich in warmen Tieflandlagen im Nordosten, Südosten und im Süden.

Lebensräume

In und an stehenden und fließenden Gewässern, sofern reichlich Fische in ihnen vorhanden sind. In Mitteleuropa bevorzugt an naturnahen Flussabschnitten. Neben stark besonnten Partien im Flachwasser und am Ufer werden dichter bewachsene Bereiche als Versteckplätze benötigt. Durch Hochwasser angeschwemmtes Pflanzenmaterial (Genist), das sich an be-

Abb. 20.9 Würfelnattern haben auf hellem Untergrund dunkle, würfelförmige Flecken, die zu Querbändern verschmelzen können. Die Rückenschuppen sind gekielt. (Foto B. Glandt)

stimmten Stellen nach dem Absinken des Wasserspiegels anhäuft, entstehen Eiablageplätze mit günstigem Mikroklima (Gärprozesse).

Lebensweise

In Mitteleuropa von März bis Oktober aktiv. Paarungen finden von April bis Juli sowohl im Wasser als auch am Ufer statt. Die Eier, die 30–45 mm lang und 19–26 mm breit sind, werden vorwiegend im Juli abgelegt, und zwar in lockeres Erdreich, unter Steinen, in Fels- und Mauerspalten, in Laub-, Kompost- oder Misthaufen sowie in Wurzelstöcke und moderndem Mulm. Im August/September schlüpfen die 14–25 cm langen Jungen. Nahrung: Fische, vor allem barsch- (Percidae) und karpfenartige (Cyprinidae), Frösche, insbesondere Seefrösche. Junge Würfelnattern leben von Kaulquappen. Feinde: kleinere Säugetiere (Wanderratte, Bisam, Hermelin, Mauswiesel) sowie zahlreiche Vogelarten (Reiherarten, Lachmöwen u. a.).

Beobachtungstipps

Schwimmt und taucht sehr gut, kann bis 20 min unter Wasser bleiben. In großen, tiefen Seen taucht die Art mehrere Meter tief. Kann auch gut klettern und wurde sich sonnend im Gebüsch und in Kronen ufernaher Bäume, insbesondere mit über Wasser hängenden Ästen, beobachtet. Leider sonnen sich die Tiere auch gern auf asphaltierten Straßen. Dort kann man sie deshalb ebenfalls leicht beobachten, man sollte aber Acht geben, kein Tier zu überfahren.

Gefährdung

Status FFH-Richtlinie: streng zu schützende Art von gemeinschaftlichem Interesse (Anhang IV).

Rote Liste Deutschland: vom Aussterben bedroht (*critically endangered*). Rote Liste Österreich: stark gefährdet (*endangered*). Rote Schweiz: stark gefährdet (*endangered*).

Gefährdungsursachen

- Trockenlegung und Entwässerung von Feuchtgebieten
- Naturferner Gewässerausbau und Unterhaltung von Uferbereichen an Flüssen und Seen
- Bau und Ausbau von Wegen und Straßen entlang von Gewässerufern (Straßentod)
- Steigender Erholungsdruck (Camping, Angeln, Badebetrieb, Motorboote)

Schutzmaßnahmen

- Ausweisung der letzten Populationen als Schutzgebiete nördlich der Alpen.
- Diese Gebiete sollten regional miteinander vernetzt werden!
- Vermeidung von Straßenausbauten entlang von Gewässerufern.
- Ob die künstliche Ansiedlung wie an der Elbe eine Lösung darstellt, wird sich längerfristig zeigen müssen.

20.6 Äskulapnatter – *Zamenis longissimus*

Namen

Der deutsche Name geht auf den griechischen Gott der Heilkunst Asklepios zurück. Die um den Äskulapstab gewundene Schlange ist Symbol für Medizin, Heilkunst und Ärzteschaft. Der wissenschaftliche Artname (lat. *longissimus* = der Längste) weist auf die Größe der Schlange hin.

Merkmale

Mit bis zu 2,25 m Gesamtlänge größte Schlange Mitteleuropas. Meist bleiben die Tiere kleiner, die Männchen werden im Durchschnitt 1,6–1,8 m, die Weibchen bis ca. 1,4 m lang. Rückenschuppen glatt und glänzend, zum Körperende hin können sie leicht gekielt sein. Bauchschilder an den Außenrändern mit breitem Kiel, die beiden hierdurch gebildeten Längsleisten dienen als Kletterhilfe. Grundfarbe oberseits gelbbraun, olivfarben, graubraun oder grauschwarz. Rücken- und Flankenschuppen haben an den Rändern feine weiße Striche, wodurch eine längsgerichtete Strichelzeichnung entsteht (Abb. 20.10 und 20.11). Jungtiere mit gelblichen Nackenflecken (Abb. 20.10).

Verbreitung

In Deutschland isoliert an wenigen Stellen (Taunus, Odenwald, Raum Regensburg). In Österreich weit verbreitet in den Tiefländern des Nordens, Ostens und Südostens. In der Schweiz an der Südabdachung stellenweise häufig.

Lebensräume

Von Meeresspiegelhöhe bis über 1600 m ü. NN (Österreich). Lichte Laubwälder in Hanglage, Auwälder, Wiesen, Weiden, Bracheflächen, Steinbrüche, Wegränder, Bahndämme und Weinberge. Gerne werden unverfugte, überwachsene Lesesteinmauern genutzt. Von Bedeutung sind mulmgefüllte Baumhöhlen oder hohle Stämme mit verrottendem Pflanzenmaterial sowie Laub- und Schwemmguthaufen als Eiablageplätze. Auch die Nähe des Menschen wird gesucht, indem Gärten, Gartenhäuser, Schuppen etc. als Aufenthaltsorte sowie Kompost- und Misthaufen zur Eiablage genutzt werden.

Abb. 20.10 Äskulapnattern sind oberseits dunkel graubraun gefärbt. An den Rändern der glänzenden, ungekielten Schuppen finden sich häufig weiße Strichel. (Foto B. Glandt)

Abb. 20.11 Jungtier mit gelblichen Nackenflecken. Die weißen Strichel der Rückenschuppen treten besonders deutlich hervor. (Foto B. Glandt)

Lebensweise

In Mitteleuropa wird von September/Oktober bis März/April Winterruhe gehalten. Im Mai/Juni finden die Paarungen statt. Die Gelege werden im Juni/Juli abgesetzt und enthalten 2–12 (selten bis 18) Eier (35–58 mm lang und 17–25 mm breit). Die Jungen schlüpfen im August/September. Nahrung: kleinere Säugetiere, z. B. Ratten, Mäuse, Spitzmäuse, Maulwürfe, Vogeleier. Jungtiere leben von nestjungen Mäusen und kleinen Eidechsen. Feinde: Säugetiere, z. B. Marder, Iltis und Dachs sowie Greif- und Rabenvögel.

Beobachtungstipps

Überwiegend tagaktiv, dabei geschickt in Büschen und Bäumen bis in deren Kronen kletternd. Im Frühjahr und Herbst am besten um die warme Mittagszeit anzutreffen, in den Sommermonaten dagegen eher in den Vormittagsstunden.

Gefährdung

Status FFH-Richtlinie: streng zu schützende Art von gemeinschaftlichem Interesse (Anhang IV).

Rote Liste Deutschland: stark gefährdet. Rote Liste Österreich: gefährdet (*near threatened*). Rote Liste Schweiz: stark gefährdet (*endangered*).

Gefährdungsursachen

- Intensivierung der Land- und Forstwirtschaft
- Überbauung
- Zunahme des Straßenverkehrs (Straßentod)

Schutzmaßnahmen

- Geringe Nutzung der Lebensräume, z. B. als Streuobstwiesen.
- Sicherung von Bracheflächen und unverfugten Lesesteinmauern in Weinbergen.
- Schonende Bewirtschaftung naturnaher Laubwälder in sonnenexponierten Hanglagen.

- Sicherung verbindender Landschaftselemente, z. B. Bahndämme mit feuchten Gräben, gegliederte Waldränder, Bracheflächen und Hecken.
- Sicherung oder Neuanlage unverfugter Lesesteinmauern.
- An Straßenabschnitten mit wiederholten Todfunden Leitzäune mit Fangröhren und Sammeleimern installieren.
- Neuanlage von Eiablageplätzen (Komposthaufen, Haufen aus Häckselgut, Sägemehl und Pferdemist).
- Kein Wegfangen für terraristische Zwecke, sich um Nachzuchttiere anderer Terrarianer bemühen!
- Ausweisung gesetzlicher Schutzgebiete für die letzten Vorkommen nördlich der Alpen.

20.7 Europäische Hornotter – *Vipera ammodytes*

Namen

Der deutsche Name bezieht sich auf die auffällige Hornbildung an der Schnauzenspitze. Die Art wurde auch als „Sandotter" oder „Sandviper" bezeichnet, ein Name, der auf einen für die Art untypischen Lebensraum hinweist. Der wissenschaftliche Artname „*ammodytes*" ist aus dem Griechischen abgeleitet und bedeutet „Sandtaucher". Der Gattungsname „*Vipera*" stammt aus dem Lateinischen und bedeutet „Schlange, Viper" und ist von *vivus pario* abgeleitet, was mit „lebendgebärend" zu übersetzen ist.

Merkmale

Bis über 90 cm lang werdende (meist bis 85 cm) Viper. An der Schnauzenspitze mit einem unverwechselbaren, hochstehenden, von keinem Knochen gestützten (passiv beweglichen) Fortsatz, dem namengebenden „Horn" (Abb. 20.12a). Färbung und Zeichnung variabel, Männchen kontrastreicher als Weibchen. Bei Ersteren auf weißlicher, hellgrauer, seltener blass-bräunlicher Grundfärbung des Rückens ein ununterbrochenes, meist dunkelbraunes oder schwarzes Band, das gezackt, gerundet, gewellt oder seltener aus Rauten zusammengesetzt ist (Abb. 20.12b). Weibchen matter, mit braunen bis rötlichen Grundfärbungen und weniger scharf abgesetztem Rückenband.

Abb. 20.12 a Europäische Hornottern haben eine hochgebogene Schnauzenspitze („Horn"). Bei den in Kärnten vorkommenden Tieren (*V. a. ammodytes*) ist dies leicht nach vorn gebogen. Abgebildet ist ein Weibchen. **b** Bei den Männchen findet sich oberseits auf hellem Grund ein wellenförmiges dunkles Rückenband. (Fotos G. Kreiner)

Verbreitung
Fehlt in Deutschland und der Schweiz. In Österreich im Südosten, vor allem Kärnten und Steiermark.

Lebensräume
Besonnte, trockene und gesteinsgeprägte Lebensräume in tieferen und mittleren Lagen. Geröllhalden, ausgetrocknete Fluss- und Bachbetten, aufgelassene Steinbrüche, verfallene Gebäude, Bahndämme, Lesesteinmauern.

Lebensweise
Im nördlichen Teil des Verbreitungsgebietes halten die Tiere von Oktober bis März eine Winterruhe. Nach dem Auswintern sonnen sie sich zunächst ausgiebig, häuten sich („Hochzeitshäutung") und wandern zu speziellen Paarungsplätzen ab. Nach der Paarung, die meist im April/Mai stattfindet, wandern die Tiere in ihre Sommerlebensräume, um im Herbst zu den Winterquartieren zurückzukehren. Im August/September gebären die Weibchen 2–16 Junge, die bei der Geburt noch in einer durchsichtigen dünnen Hülle liegen, diese aber kurz danach sprengen und ins Freie gelangen. Nahrung: Kleinsäuger, Reptilien (Echsen), Vögel und Gliederfüßer (vor allem Hundertfüßer). Feinde: Igel, Marder, Raben- und Greifvögel, Weißstorch, Reptilien (Schlingnatter).

Beobachtungstipps
Früh morgens oder spät nachmittags beim Sonnenbaden zu beobachten. Dabei liegen die Tiere oft völlig deckungslos auf flachen Steinen oder vor niedrigem Buschwerk.

Gefährdung
Status FFH-Richtlinie: streng zu schützende Art von gemeinschaftlichem Interesse (Anhang IV).
   Rote Liste Österreich: vom Aussterben bedroht.

Gefährdungsursachen

- Biotopzerstörung, z. B. durch Straßenbau und Zersiedelung
- Verinselung der nördlichen Vorkommen (Südtirol, Kärnten, Steiermark)

- Dichte Fichtenaufforstungen
- Wegfangen für pharmazeutische und terraristische Zwecke
- Fangaktionen gegen Prämien (in der 1. Hälfte des 20. Jahrhunderts mit hohen Zahlen getöteter Tiere)

Schutzmaßnahmen

- Schutz und Pflege der Lebensräume.
- Kleinere Freiflächen nicht aufforsten!
- Gegliederte Wald- und Wegränder fördern.
- Von Zeit zu Zeit Auslichten von Gehölzen.
- Einschränkung des Fangs für pharmazeutische Zwecke.
- Keine Entnahme von Wildtieren für terraristische Zwecke; sich um Nachzuchttiere anderer Terrarianer bemühen.
- Aufklärung der Bevölkerung, um das unsinnige Erschlagen abzustellen; hier sind besonders auch die Schulen gefordert!
- Flächen mit größeren Populationen (mehr als 30 Erwachsene und Halbwüchsige) sollten unter gesetzlichen Schutz gestellt werden!

Gift/Bissverletzungen

Auf Wanderungen und Exkursionen stets festes Schuhwerk und lange Hosen tragen. Nie nach den Tieren greifen! Gift stark, Biss schmerzhaft. Umgehende medizinische Behandlung, möglichst in einer Klinik. Körperliche Anstrengung vermeiden, keinen Alkohol zu sich nehmen. Wunde nicht erweitern oder aussaugen! Todesfälle sind oft das Resultat unsachgemäßer „Behandlung".

20.8 Aspisviper – *Vipera aspis*

Namen

Der Name „*aspis*" bedeutet im Lateinischen „Natter", im Griechischen „*he aspis*" Schild. Der Name ließe sich frei mit „Schildviper" übersetzen.

Merkmale

Meist 60–70 cm, selten bis 85 cm lang werdend. Spitz-dreieckiger, deutlich vom Hals abgesetzter Kopf. Vorderer Umriss des Kopfes in Seitenansicht deutlich erhöht, aber kein Horn bildend. Pupille bei Helligkeit senkrecht-schlitzförmig. In Färbung und Zeichnung sehr variabel. Grundfarbe der Oberseite hellgrau, silberfarben, hell- oder dunkelbraun, rotbraun bis kupferrot, orangefarben, manchmal schwärzlich bis ganz schwarz. Zeichnungsmuster oft aus quer stehenden, gegeneinander versetzten dunklen Streifen (Abb. 20.13). Mittels Digitalfotografie lassen sich individuelle Fleckenmuster unterscheiden.

Verbreitung

In Deutschland nur lokal im südlichen Schwarzwald. In der Schweiz verbreitet im Nordwesten und Süden. Fehlt in Österreich.

Abb. 20.13 Auf der Oberseite mitteleuropäischer Aspisvipern finden sich meist quer stehende, gegeneinander versetzte dunkle Streifen. Abgebildet ist ein Tier aus dem Schweizer Jura. Der Schwanz der Vipern ist sehr kurz (im Vergleich zu den Nattern). (Foto A. Meyer)

Lebensräume

Vorwiegend in südexponierten, trockenen und gesteinsdurchsetzten Lebensräumen, z. B. Geröllhalden an Berghängen, lichten Wäldern und deren Rändern, verwilderten Weinbergen, von Steinhaufen durchsetzten Wiesen, Hecken und Gärten, Lesesteinmauern, steinigen, gehölzbestandenen Straßen-, Weg- und Ackerrändern, zerfallenen Gebäude, Brücken und Eisenbahndämmen.

Lebensweise

Von März bis Oktober aktiv. Kurz nach dem Auswintern finden sich oft viele Tiere auf engem Raum, um sich ausgiebig zu sonnen. Neben einer Frühjahrspaarung (März–Mai) kann es in klimatisch günstigen (tieferen) Lagen zu einer zweiten Paarungszeit im Herbst (September/Oktober) kommen. Von August–Oktober werden 4–13 Junge, selten mehr als 20, geboren. Nahrung: Mäuse, Spitzmäuse, Maulwürfe, nestjunge Vögel sowie Waldeidechsen und Grasfrösche. Feinde: Säugetiere, Vögel und Schlangen, z. B. Wildschwein, Igel, Dachs, Marder, Iltis, Hauskatzen, Rabenvögel, Mäusebussard, Schlingnatter.

Beobachtungstipps

Im zeitigen Frühjahr (März/April) gut an den Frühjahrssonnenplätzen zu beobachten. Dann wenig fluchtaktiv.

Gift/Bisswirkung

Das Gift dieser Art erzeugt beim Menschen ähnliche Symptome wie das der Kreuzotter. Es gelten dieselben Verhaltensregeln wie bei einem Kreuzotterbiss.

Gefährdung

Status FFH-Richtlinie: ungefährdet. Rote Liste Deutschland: vom Aussterben bedroht.

Rote Liste Schweiz: vom Aussterben bedroht (*critical endangered*).

Gefährdungsursachen

- Lebensraumzerstörung durch Straßen- und Wegebau, Flurbereinigungs- und andere Kultivierungsmaßnahmen mit Entfernung von Lesesteinhaufen und verwildertem Buschland.
- Pestizidanwendung auf Feldern, in Weinbergen und Obstkulturen.
- Dichte Fichtenaufforstungen,
- Erholungsdruck,
- Selbständiges Zuwachsen der Lebensräume mit Gehölzen,
- Überschwemmung der Winterquartiere nach starken Regenfällen,
- Erschlagen durch übertriebene (Gift-)Schlangenangst.

Schutzmaßnahmen

- Naturnahe Waldbewirtschaftung.
- Sicherung und Förderung von Schneisen, Innensäumen sowie breiten, vielfältig strukturierten Waldrändern.
- Von Zeit zu Zeit Pflege gut besetzter Lebensräume (Auslichtung aufkommender Gehölze).
- Freihalten der Bergwiesen und Mittelgebirgstäler von starkem Gehölzaufwuchs.
- Anlage unverfugter Mauern und Lesesteinhaufen.
- In Rebkulturen sollten breite Brachestreifen von der Nutzung ausgespart bleiben!
- Aufklärungsarbeit zur Vermeidung des Erschlagens; hier sind besonders die Schulen gefordert!
- Flächen mit großen Beständen (mehr als 50 Erwachsene und Halbwüchsige) sollten unter gesetzlichen Schutz gestellt werden!

20.9 Kreuzotter – *Vipera berus*

Namen

Der deutsche Name rührt eventuell von der X-förmigen Zeichnung auf der Kopfoberseite her, die an das Andreaskreuz (Bahnschranken) erinnert. Vielleicht bezieht sich der Name aber auf das Zickzackband, das auf dem Rücken (= Kreuz) zu finden ist. *berus*: von mittelhochdeutsch *bera* = gebären, was auf das Lebendgebären der Art verweist.

Merkmale

Maximal 85 cm lang werdend. Schnauze in Seitenansicht gerundet. Pupille senkrecht-schlitzförmig (im Gegensatz zu den Nattern). Iris rötlich. Auf der Kopfoberseite häufig eine umgekehrt V- oder X-förmige dunkle Zeichnung. Grundfarbe der Männchen hellgrau oder weißlich, darauf findet sich ein schwarzes Zickzackband (Abb. 20.14). Weibchen mit blass-graubrauner Grundfarbe und dunkelbraunem Zickzackband (Abb. 20.15). Daneben gibt es einfarbig-rostbraune („Kupferottern") und schwarze Tiere („Höllenottern").

Verbreitung

Im behandelten Gebiet weit verbreitet, jedoch starke Rückgänge in den letzten Jahrzehnten.

Lebensräume

Deckung, Windgeschütztheit und Besonnung sowie eine gewisse Bodenfeuchte werden benötigt. Im Tiefland Randbereiche von Hoch- und Niedermooren, Pfeifengraswiesen und feuchte Heideflächen, Binnen- und Küstendünen sowie Ränder von lichten Nadelwäldern, außerdem Schneisen, Lichtungen in Misch- und Nadelwäldern, Schonungen mit grasigem Unterwuchs, weiterhin Schotterflächen von Flüssen, Bahndämmen (Harz) und Rändern von Kanälen (stellenweise häufig). Im Gebirge findet sich die Art in Blockschutthalden und Felsfluren, in der Krummholzzone und auf alpinen Matten bis oberhalb der Waldgrenze.

Lebensweise

In Mitteleuropa von März bis Oktober aktiv. Überwintert in frostsicheren, trockenen Höhlen, z. B. Kleinsäugerbauten, unter Wurzeltellern alter Bäume, in ausgefaulten Baumstubben u. ä. In den Mooren werden trockene Randbereiche aufgesucht, im Gebirge dienen auch Geröllhalden als Winterquartiere. Im Frühjahr sonnen sich die Tiere nahe der Winterquartiere, häuten sich und begeben sich zur Paarung. Vor der Paarung kann es zu Kämpfen konkurrierender Männchen kommen (Kommentkämpfe). 1–2 Wochen nach der Paarung wandern sie in ihre bis 2000 m entfernten Sommerlebensräume ab, um im Herbst wieder Richtung Winterquartiere zu ziehen.

Abb. 20.14 Männchen der Kreuzotter mit heller Grundfarbe und schwarzem Zickzackband. (Foto B. Trapp)

Abb. 20.15 Die Weibchen haben auf beige-braunem Untergrund ein dunkelbraunes Zickzackband. (Foto B. Trapp)

Das Weibchen setzt im August/September 3–18 Jungtiere ab, die meist noch von ihren dünnen, durchsichtigen Eihüllen umgeben sind, sie aber bald durch kräftige Bewegungen zerreißen, um ins Freie zu gelangen. Nahrung: Kleinsäuger, Frösche, Eidechsen, meist Waldeidechsen, die zunächst gebissen werden, um das Gift zu injizieren. Nach wenigen Minuten verendet das Beutetier und wird durch Züngeln wiedergefunden und mit dem Kopf voran verschlungen. Feinde: Mensch, Waschbär, Iltis, Fuchs, Hermelin, Igel, Greif- und Rabenvögel, örtlich Wildschweine, die in Mitteleuropa stark zugenommen haben und Vipern aus dem Winterquartier ausgraben.

Beobachtungstipps

Im zeitigen Frühjahr (März/April) gut an den Frühjahrssonnenplätzen zu beobachten. Dann sind die Tiere wenig fluchtbereit, selbst an belebten Wegrändern. Im Herbst lassen sich wandernde Ottern auf dem Weg ins Winterquartier nachweisen.

Gefährdung

Status FFH-Richtlinie: ungefährdet. Rote Liste Deutschland: stark gefährdet.

Rote Liste Österreich: gefährdet (*vulnerable*). Rote Liste Schweiz: stark gefährdet (*endangered*). Obwohl eine Art, die vielerlei Lebensräume besiedeln kann, muss seit Jahrzehnten ein stetiger Rückgang in Mitteleuropa festgestellt werden.

Gefährdungsursachen

- Rückgang geeigneter Lebensräume, z. B. Ränder der einstmals großen Hochmoore in Norddeutschland durch Torfabbau
- Aufforstung von Lichtungen und Waldwiesen in den Mittelgebirgen
- Beseitigung von Hecken und anderen vernetzenden Landschaftsstrukturen.
- Zuwachsen und Verkrauten von Freiflächen
- Jahrzehntelanges Verfolgen und Erschlagen (lange Zeit gegen Erstatten von Prämien)
- Ausbreitung des Waschbären

Schutzmaßnahmen

- Naturnahe Waldbewirtschaftung, von Zeit zu Zeit Auslichtung aufkommender Gehölze.
- Sicherung und Förderung von Schneisen, Innensäumen sowie breiten, vielfältig strukturierten Waldrändern.
- Liegenlassen von Totholz.
- Schutz der letzten Hochmoore und ihrer trockenen Ränder.
- Freihalten der Bergwiesen und Mittelgebirgstäler von starkem Gehölzaufwuchs.
- Aufklärungsarbeit zur Vermeidung des Erschlagens; hier sind besonders die Schulen gefordert!
- Bejagung des Waschbären bei nachgewiesener Prädation.
- Meldung der Funde an Naturschutzbehörden und Kartiererkreise.
- In Ausnahmefällen (!) kann eine Nachzucht mit Wiederansiedlung in ehemals besiedelten Gebieten sinnvoll sein. Solche Projekte sind langjährig wissenschaftlich zu begleiten.
- Flächen mit größeren Restbeständen (mehr als 30 Erwachsene und Halbwüchsige) sollten unter gesetzlichen Schutz gestellt werden!

Giftwirkung/Bisse

Menschen und Jagdhunde werden vor allem gebissen, wenn sich die Otter bedroht fühlt. Beim Beeren- und Pilzesammeln stets festes Schuhwerk tragen (keine Sandalen oder nackte Füße), das gilt besonders für Kinder. Sich vorher vergewissern, dass keine Kreuzottern in der Nähe sind. Lange Hosen tragen. In Kreuzottergebieten nicht lagern. Symptome eines Kreuzotterbisses in leichten Fällen: Übelkeit, Herzklopfen, leichte Schwellungen, in schweren Fällen: stärkere Schwellungen, Bauchkrämpfe, Durchfall, Bewusstseinstrübung und dunkle Hautverfärbungen. Im Falle eines Bisses Ruhe bewahren. Bissstelle nicht aussaugen oder Wunde mittels Messer erweitern. Anstrengungen vermeiden, den nächsterreichbaren Arzt aufsuchen, bei stärkeren Symptomen eine Klinik.

Literaturtipps

Verwendete Literatur

Müller WR (2016) Verbreitung, Ökologie, Nachweise, Situation und Gefährdung der Schlingnatter (*Coronella austriaca*) im nördlichen Niederrheinischen Tiefland. Abhandlungen aus dem Westfälischen Museum für Naturkunde, Bd. 84. Westfälisches Museum für Naturkunde, Münster

Weiterführende Literatur

Biella H-J (1983) Die Sandotter *Vipera ammodytes*. Neue Brehm-Bücherei, Bd. 558. Ziemsen, Wittenberg

Blanke I, Borgula A, Brandt T (Hrsg) (2008) Verbreitung, Ökologie und Schutz der Ringelnatter (*Natrix natrix* Linnaeus, 1758). Mertensiella, Bd. 17. DGHT, Rheinbach

Blanke, I (o.J.) „Reptilien brauchen Freunde!" Internet: http://reptilien-brauchen-freunde.de

Fritz K, Lehnert M (2007) Aspisviper *Vipera aspis*. In: Laufer H, Fritz K, Sowig P (Hrsg) Die Amphibien und Reptilien Baden-Württembergs. Ulmer, Stuttgart, S 693–708

Geniez P, Gruber U (2017) Die Schlangen Europas. Schlangen aus Europa, Nordafrika und dem Mittleren Orient. Kosmos, Stuttgart

Gomille A (2002) Die Äskulapnatter – *Elaphe longissima*. Verbreitung und Lebensweise in Mitteleuropa. Edition Chimaira, Frankfurt/M

Gruschwitz M et al (Hrsg) (1993) Verbreitung, Ökologie und Schutz der Schlangen Deutschlands und angrenzender Gebiete. Mertensiella, Bd. 3. DGHT, Bonn

Joger U, Wollesen R (2004) Verbreitung, Ökologie und Schutz der Kreuzotter (*Vipera berus* [Linnaeus, 1758]). Mertensiella, Bd. 15. DGHT, Rheinbach (Tagungsbd)

Kreiner G (2007) Die Schlangen Europas – alle Arten westlich des Kaukasus. Edition Chimaira, Frankfurt/M

Meyer A, Zumbach S, Schmidt B, Monney J-C (2009) Auf Schlangenspuren und Krötenpfaden. Amphibien und Reptilien der Schweiz. Haupt, Bern

Ministerium für Klimaschutz, Umwelt, Landwirtschaft, Natur- und Verbraucherschutz des Landes Nordrhein-Westfalen (Hrsg) (2015) Geschützte Arten in Nordrhein-Westfalen. Vorkommen, Erhaltungszustand, Gefährdungen, Maßnahmen. MKULNV, Düsseldorf (www.nrw.de)

De Smedt J (2006) The vipers of Europe. Johann De Smedt, Halblech/Allgäu

Völkl W, Käsewieter D (2003) Die Schlingnatter – ein heimlicher Jäger. Laurenti, Bielefeld

Völkl W, Thiesmeier B (2002) Die Kreuzotter – ein Leben in festen Bahnen? Laurenti, Bielefeld

Wittmann B (1954) Europas Giftschlangen. Hippolyt, Wien, St. Pölten, München

Neubürger (Neozoen) in der Herpetofauna Mitteleuropas

21.1 Ein vielschichtiges Problem

In den vorangegangenen Kap. 16 – 20 wurden die einheimischen, bodenständigen (= autochthonen) Arten der Amphibien und Reptilien Deutschlands, Österreichs und der Schweiz behandelt. Es sind die Arten, die sich langfristig in den Ländern halten und erfolgreich reproduzieren. Sie sind – von Sonderfällen (z. B. Seefrosch, Mauereidechse) abgesehen – nicht durch unmittelbares oder mittelbares Zutun des Menschen dorthin gekommen.

Leider gibt es immer mehr Fälle, in denen zusätzliche Arten oder Fremdpopulationen durch Zutun des Menschen in die genannten Länder geraten. Diese werden als „Neubürger" oder „Neozoen" bezeichnet. Im Internet (*Lexikon der Biologie*, Spektrum der Wissenschaft, Spektrum Akademischer Verlag, Heidelberg) werden sie wie folgt definiert:

Neozoen [griech.: *neo-* = neu, *zōia* = Lebewesen, Tiere], invaders, intruders, exotic *species*, eine praktische, aber so gut wie nur im deutschen Sprachraum verbreitete Bezeichnung für in einen Lebensraum (Biotop) direkt oder indirekt über anthropogene Aktivitäten eingeführte, eingeschleppte (Einschleppung) oder eingewanderte (Immigration) Tierart. Der Begriff wurde in Anlehnung an die Bezeichnung Neophyten (Adventivpflanzen, Neubürger) kreiert, welche sich in Mittel-Europa auf Pflanzen bezieht, die nach ca. 1500 n. Chr. (als

© Springer-Verlag GmbH Deutschland, ein Teil von Springer Nature 2018
D. Glandt, *Praxisleitfaden Amphibien- und Reptilienschutz*,
https://doi.org/10.1007/978-3-662-55727-3_21

die Überseeschiffahrten, speziell nach Amerika, stark zunahmen) eingeführt oder eingeschleppt worden sind.

Das Entscheidende ist die Verursachung durch den Menschen. Die Reproduktivität ist in dieser Definition nicht enthalten, auch nicht die Langlebigkeit (Zeitfaktor). Hierdurch sind viele Arten mit abgedeckt, was nicht unproblematisch ist. Kann man schon von Neubürger sprechen, wenn ein Terrarianer, der überschüssige Nachzuchttiere, z. B. des Marmormolches, vor der Haustür aussetzt? Andererseits gibt es Fälle von Reproduktion und Langlebigkeit ausgewilderter Amphibien- und Reptilienarten. Bekannte Beispiele sind:

- Alpen-Kammmolch (*Triturus carnifex*) in den Niederlanden – stabile Populationen mit Reproduktion in der Veluwe bei Arnheim.
- Nordamerikanischer Ochsenfrosch (*Lithobates catesbaianus*) – aus Nordamerika stammender, zunächst in Norditalen (Poebene) angesiedelter Frosch, der mittlerweile auch an vielen Stellen nördlich der Alpen auftaucht. Bei Karlsruhe großer Freilandbestand mit Reproduktion.
- Glatter Krallenfrosch (*Xenopus laevis*) – aus dem südlichen Afrika stammender Frosch, der sich im westlichen Teil Frankreichs (im Jahre 2001 innerhalb von 20 Gemeinden nachgewiesen) hält und anscheinend auch fortpflanzt.
- Schmuckschildkröten: Rotwangen-Schmuckschildkröte (*Trachemys scripta elegans*) und Cumberland-Schmuckschildkröte (*Trachemys scripta troostii*). Seit Langem schon (von Terrarianern, Gartenteichbesitzern, Gartenteich-Händlern?) ausgesetzte Schildkröten Nordamerikas, die in großen Teilen (Mittel-)Europas präsent sind, vor allem die erstgenannte Unterart. Eine Reproduktion nördlich der Alpen dürfte allerdings die Ausnahme darstellen.

Was macht man mit Neubürgern? Sind sie in den heimischen Biotopen schädlich? Für den Nordamerikanischen Ochsenfrosch gibt es Laborergebnisse, wonach sich seine Larven negativ auf die Entwicklung der Larven von Wasserfröschen (Gattung *Pelophylax*) auswirken, indem sie zur Entwicklungshemmung führen.

Grundsätzlich sollte man aus Vorsorgegesichtspunkten auf künstliche Ansiedlungen verzichten und die Fremdbürger wieder entfernen, so die generelle Auffassung (siehe z. B. die Argumente von Meyer et al. 2009). Dies wird auch gesetzlich vorgegeben. Das deutsche Bundesnaturschutzgesetz schreibt in § 40, Absatz 1 vor:

> Es sind geeignete Maßnahmen zu treffen, um einer Gefährdung von Ökosystemen, Biotopen und Arten durch Tiere und Pflanzen nichtheimischer oder invasiver Arten entgegenzuwirken.

Und weiter in Absatz 3:

> Die zuständigen Behörden des Bundes und der Länder ergreifen unverzüglich geeignete Maßnahmen, um neu auftretende Tiere und Pflanzen invasiver Arten zu beseitigen oder deren Ausbereitung zu verhindern.

21.2 Nordamerikanischer Ochsenfrosch (*Lithobates catesbeianus*)

Namen

Der deutsche Name verweist einerseits auf die Herkunft der Tiere (Nordamerika), zielt außerdem aber (Ochsenfrosch) auf die Rufe ab („brr-oam").

Merkmale

Größte Froschart (Mittel-)Europas, bis 20 cm Körperlänge. Oberseite olivgrün bis bräunlich, oft mit dunklen unregelmäßigen Flecken. Es fehlen die für Vertreter der Echten Frösche charakteristischen, längs verlaufenden Drüsenleisten an der Grenze zwischen Rücken und Flanken. Männchen (Abb. 21.1) bis 18 cm lang werdend, mit sehr großem Trommelfell (Durchmesser doppelt so groß wie Augendurchmesser), einer kehlständigen, nicht ausstülpbaren Schallblase und zur Paarungszeit mit dunklen Brunftschwielen an den Daumen sowie gelblicher bis orangefarbener Kehle. Die Paarungsrufe sind tiefe, grunzend-schnarrende Einzelrufe, die bis zu 2 km weit zu hören sind und mit „brroam", scherzhaft mit *„more rum"* umschrieben wurden. Weibchen (Abb. 21.2) bis 20 cm lang werdend, mit kleinerem Trommelfell (so groß wie Augendurchmesser) und weißer bis cremefarbene Kehle, aber ohne Brunftschwielen und Schallblase. Auch die Jungtiere (bis 6 cm lang werdend) kann man gut von den übrigen Echten Fröschen (z. B. den Wasserfröschen, Gattung *Pelophylax*) unterscheiden aufgrund des Fehlens der längs verlaufenden Drüsenwülste an der Grenze zwischen Rücken und Flanken.

Verbreitung
Ursprünglich im mittleren und östlichen Nordamerika, wurde ins westliche Nordamerika, nach Mexiko, Japan, Kuba, Hawaii, auf die Bermudas und in verschiedene europäische Länder eingeschleppt, wo sich die Art stark vermehrt und rasch ausgebreitet hat. Inzwischen in Italien (vor allem Poebene) fest eingebürgert, individuenreiche Vorkommen sind in Westfrankreich bekannt, außerdem in England, Belgien, den Niederlanden, auf Kreta und in Deutschland nachgewiesen und meist wohl schon eingebürgert. Pflanzt sich in Deutschland nördlich von Karlsruhe fort.

Lebensräume
Auenlandschaften, Teichgebiete, Abgrabungskomplexe, in der Poebene (Italien) besonders Reisfelder. Größere und tiefere, sonnige und pflanzenreiche, ausdauernde Stillgewässer, z. B. Altwässer und Baggerseen. Auch in Gartenteichen, in die sie eingesetzt wurden.

Lebensweise
Wärmeliebende Tiere, die erst spät im Jahr aktiv werden (ab Ende April). Die Paarungszeit beginnt im Mai/Juni und erstreckt sich bis tief in den Sommer (Juli/August). Die Weibchen legen pro Saison bis 25.000 Eier in großen Fladen ab, die frei auf der Wasseroberfläche in Ufernähe schwimmen. Die Larven benötigen je nach Region zwischen 5 Monaten und 3 Jahren Entwicklungszeit. Die Überwinterung der umgewandelten Tiere, die im Laufe des Oktobers beginnt, findet überwiegend an Land statt. Nahrung: Insekten, vor allem Käfer (auch große wie Gelbrandkäfer), Landschnecken und kleinere Wirbeltiere (junge Eidechsen, Teichfrösche, Vogelküken, Mäuse). Feinde: in Europa bislang wenig bekannt. In der Poebene wurden Nachtreiher und Wanderratten nachgewiesen. Eier und Larven werden von Fischen, Wassernattern und verschiedenen Wasservögeln erbeutet. In Nordamerika fressen Egel, Molche und Fische den Laich, Kaulquappen und Jungtiere fallen räuberischen Insekten, Wasserschildkröten, Schlangen, Fischen und einer Vielzahl von Vogelarten

Abb. 21.1 Nordamerikanische Ochsenfrösche haben keine Drüsenleisten an der Grenze des Rückens zu den Flanken. Die Männchen sind an den sehr großen Trommelfellen zu erkennen. (Foto B. Trapp)

Abb. 21.2 Weibchen des Nordamerikanischen Ochsenfrosches haben deutlich kleinere Trommelfelle als die Männchen. (Foto B. Trapp)

zum Opfer. Erwachsene Ochsenfrösche werden von größeren Säugetieren, Vögeln und Reptilien erbeutet.

Beobachtungstipps

Von Mai bis August kann man bei einsetzender Dämmerung und nachts die lauten grunzenden Rufe vernehmen. Im Sommer/Herbst findet man tagsüber abwandernde Jungtiere in Ufernähe und im weiteren Gewässerumfeld.

Gefahren/Bekämpfung

Angesichts der Größe der Tiere tauchte schon früh die Frage nach Negativwirkungen auf die einheimische Amphibienfauna, vor allem auf die Wasserfrosch-Gruppe (Kleiner Wasserfrosch, Teichfrosch, Seefrosch), auf. Untersuchungen hierzu ergaben, dass Ochsenfrösche keine nennenswerten Zahlen anderer Frösche erbeuten. Die eigentliche Gefahr geht von den großen Larven aus, die entwicklungshemmende Stoffe ins Wasser abgeben, wodurch wahrscheinlich die Larven der Wasserfrosch-Gruppe vor Abschluss der Umwandlung zugrunde gehen.

Das Beispiel Ochsenfrosch zeigt, wie gefährlich für die einheimische Tierwelt die Ansiedlung von Fremdarten sein kann (sog. Faunenverfälschung). Nehring (2016) empfiehlt als Bekämpfungsmaßnahme: „Lebendfang durch Elektrobefischung oder Abkeschern, Zäunung, Ablassen des Gewässers, Abschuss mit Blasrohr". Das Aussetzen von Ochsenfröschen, z. B. in Gartenteiche, sollte strikt unterbleiben!

21.3   Buchstaben-Schmuckschildkröte (*Trachemys scripta*)

Namen

Der deutsche Name „Schmuckschildkröten" für die ganze Gruppe rührt von der lebhaften Färbung und Zeichnung vor allem der Jungtiere her. Der Artname „Buchstaben-Schmuckschildkröte" dürfte auf die buchstabenähnlichen Zeichnungen der Rückenpanzer-Schilder zurückzuführen sein. Der wissenschaftliche Artname (lat. *scriptum* = Schrift) weist ebenfalls darauf hin.

Merkmale

Rückenpanzerlänge (Stockmaß) bis 30 cm. Die Grundfarbe ist oliv bis braun. Darauf finden sich gelbliche, dunkel eingefasste Streifen. An Kopf und Hals zeigen die Tiere ein markantes Längsstreifenmuster, wobei unmittelbar hinter dem Auge ein roter, orangefarbener (Abb. 21.3) oder gelber Streifen oder Flecken auffallend ist. Auch die Beine und der Schwanz sind gelblich längsgestreift. Die erwachsenen Männchen weisen an den Vorderfüßen stark verlängerte, gekrümmte Krallen auf. Die Weibchen sind deutlich größer als die Männchen.

Rotwangen-Schmuckschildkröte (*Trachemys scripta elegans*, Abb. 21.3)

Diese Unterart ist über den Tierhandel massenhaft nach Europa (und auf andere Kontinente) gelangt und an vielen Stellen im Freiland ausgesetzt worden, wo sie sich lange halten kann. Natürlicherseits kommt sie in den USA im Einzugsgebiet des Mississippi, vom südlichen Michigan bis zum Golf von Mexiko, vor. Außerdem findet sie sich in Mexiko am unteren Rio Grande und seinen Nebenflüssen. Charakteris-

Abb. 21.3 Rotwangen-Schmuckschildkröten können an dem länglichen rötlichen Fleck, der hinter dem Auge beginnt und bis zum Hals zieht, erkannt werden. Gruppe sich sonnender Tiere im Teich eines Botanischen Gartens. (Foto H. Bringsøe)

tisch ist der namengebende breite, rote, längliche Fleck jeweils hinter dem Auge (Abb. 21.3).

Cumberland-Schmuckschildkröte (*Trachemys scripta troostii*) Lebt in einem begrenzten Areal am Oberlauf des Cumberland und des Tennessee River (vom südöstlichen Kentucky bis nordöstlichen Alabama, USA). Jederseits hinter dem Auge mit einem gelben Längsstreifen.

Verbreitung

Natürlicherweise in den östlichen USA und angrenzenden Gebieten Mexikos vorkommend. Durch jahrzehntelangen Tierhandel vor allem mit der beliebten Rotwangen-Schmuckschildkröte in zahlreichen Ländern, vor allem Europas, aber auch anderer Kontinente ausgewildert. Da die Einfuhr in die EU mittlerweile verboten ist, lassen Freilandnachweise, z. B. in Deutschland, anscheinend nach.

Lebensräume

In ihrem natürlichen Verbreitungsgebiet wird eine Vielzahl von Gewässern bewohnt, wobei größere Stillgewässer mit weichem Bodengrund und Wasserpflanzenbewuchs bevorzugt werden. In Europa werden einerseits naturnahe Gewässer ähnlicher Struktur bewohnt, andererseits aber auch naturferne Gewässer, z. B. pflanzenlose, befestigte Stadtparkgewässer, betonierte Teiche in Städten und Zoos.

Lebensweise

Sowohl im natürlichen Verbreitungsgebiet als auch in Europa halten die Tiere eine Winterruhe. Je nach Land dauert diese von Oktober bis April, im Norden länger als im Süden. Nahrung: vielfältig und dem jeweiligen örtlichen Angebot entsprechend. Dabei leben Jungtiere eher von Tieren (Insekten u. a.), während Alttiere auch pflanzliche Kost zu sich nehmen. Neben einer breiten Palette von wirbellosen Tieren (Insekten und deren Larven, Krebstiere, Schnecken, Muscheln, Süßwasserschwämme) werden auch wasserlebende Wirbeltiere (Fische, z. T. auch Amphiben und deren Larven) erbeutet. Auch Aas wird genommen. Feinde: Säugetiere, z. B. Waschbären, Minks, Otter, Koyoten sowie räuberische Fische. Aus Europa scheinen keine systematischen Untersuchungen vorzuliegen.

Beobachtungstipps

Beim Sich-Sonnen sind die Tiere leicht zu beobachten, vor allem dort, wo sie Menschen gewohnt sind (Stadtparkgewässer, Teichanlagen in Tierparks, Teiche in Botanischen Gärten, Abb. 21.3).

Gefahren/Bekämpfung

Der weltweite Tierhandel hat trotz der Einrichtung von Zuchtfarmen in den USA zu starken Entnahmen von immer neuen Tieren aus dem Freiland geführt. Für die Lebensgemeinschaften in Europa ist dagegen die Frage entscheidender, welche Auswirkungen das Freilassen auf die bodenständige Fauna hat. Von der Konkurrenz um Sonnenplätze mit Europäischen Sumpfschildkröten wird berichtet. Die Frage, ob die Schildkröten einheimische Tiere, z. B. Amphibienarten, spürbar dezimieren, lässt sich mangels Untersuchungen nicht eindeutig beantworten. Zumindest in Stadtparkgewässern lässt sich dies eher verneinen, weil hier kaum Amphibien zu finden sind. In naturnahen Gewässern des Umlandes könnten Wasserfrösche, Molche u. a. Arten beeinträchtigt werden. Nehring (2016) empfiehlt als Bekämpfungsmaßnahme: „Lebendfang mit Fallen, Reusen oder Netzen, Ablassen des Gewässers, Nestzerstörung."

21.4 Was tun in der Zukunft?

a. Das Wichtigste ist, dass zukünftig alles getan wird, um weitere Neozoen zu verhindern, vor allem deren Ausbreitung. In diesem Zusammenhang ist zu betonen, dass jegliches Aussetzen von Tieren (einheimisch oder gebietsfremd) auch schon vor der Haustür gemäß § 40 Abs. 4 Satz 1 BNatSchG verboten bzw. genehmigungspflichtig ist. In der Praxis ist es manchmal schwierig, Neozoen zu verhindern, vor allem, wenn sie unbemerkt in neue Gebiete eindringen (Beispiel in Abschnitt b.) oder bereits in der Fläche etabliert sind. Letzteres ist der Fall beim Waschbären (Abb. 21.4), der bereits flächendeckend vorhanden ist und vielerorts auch Amphibien und Reptilien nachstellt.

b. Ein weiteres Problem stellt die genetische Eindringung (Introgression) in ursprüngliche Arten dar. Ein Beispiel ist die Introgression des Italienischen Wasserfrosches (*Pelophylax bergeri*) in das Erbgut des gefährdeten Kleinen Wasserfrosches (*Pelophylax lessonae*). Wie

Abb. 21.4 Der Waschbär (*Procyon lotor*) erbeutet auch Amphibien und Reptilien und wird zunehmend zu einem Problem. (Foto S. Nehring)

kürzlich festgestellt wurde, ist durch Hybridisierung der beiden Formen *P. bergeri* in Frankreich und der Nordschweiz immer weiter auf dem Vormarsch und verdrängt dabei die andere Art (Dufresnes et al. 2016). Lange Zeit nicht wahrgenommen („kryptische" = verborgene Invasion), ist das Problem jetzt erkannt.

An diesem Beispiel stellt sich die Frage: „Lässt sich eine weitere Ausbreitung von *P. bergeri* verhindern, oder müssen wir hilflos mit ansehen, wie allmählich die gefährdete einheimische Art (*P. lessonae*) verschwindet?" Die Autoren der jüngst erschienenen Studie empfehlen den zuständigen Behörden, sich um die Erhaltung der letzten reinen *P.-lessonae*-Populationen, z. B. in der Schweiz, zu bemühen.

c. Sodann stellt sich die Frage: „Wohin mit weggefangenen Neozoen?" Schmuckschildkröten könnten an Zoos abgegeben werden. Diese haben aber oft schon viele davon und werden sie nicht gerne aufnehmen. Und was macht man mit Nordamerikanischen Ochsenfröschen? Diese Art unterliegt in der EU dem Artenschutzrecht, und das Tierschutzrecht ist ebenfalls zu beachten. Die Verordnung der EU Nr. 1143/2014 besagt in Kapitel IV, Artikel 19, Absatz (2):

„Managementmaßnahmen umfassen tödliche oder nicht tödliche physikalische, chemische oder biologische Maßnahmen zur Beseitigung, Populationskontrolle oder Eindämmung einer Population einer invasiven gebietsfremden Art".

In Absatz (3) heißt es, dass den Tieren „vemeidbare Schmerzen, Qualen oder Leiden erspart bleiben".

d. Eine weitere Maßnahme sollte die Verhinderung des Einschleppens von Krankheitserregern sein. Wenn ein Import in die EU legalerweise erlaubt ist, dann sollte es ein „pathogenfreier Import" sein. Hierzu müssten an den Außengrenzen Möglichkeiten der routinemäßigen Überprüfung, zumindest stichprobenweise, geschaffen werden. Bei Krankheitsnachweisen sollte eine Zwischenhälterung zur Genesung ermöglicht werden. Im abzuwägenden Einzelfall könnte eine Abtötung der Trägertiere sinnvoll sein.

Literaturtipps

Verwendete Literatur

Dufresnes C et al (2016) Cryptic invasion of Italian pool frogs (*Pelophylax bergeri*) across Western Europe unraveled by multilocus phylogeography. Biol Invasions. https://doi.org/10.1007/s10530-016-1359-z

Meyer A et al (2009) Auf Schlangenspuren und Krötenpfaden. Amphibien und Reptilien der Schweiz. Kap. Wiederansiedlungen, Aussetzungen, Verschleppungen. Haupt, Bern, S 307–309

Nehring S (2016) Die invasiven gebietsfremden Arten der ersten Unionsliste der EU-Verordnung Nr. 1143/2014. BfN-Skripten Nr. 438. Bundesamt für Naturschutz, Bonn Bad Godesberg

Weiterführende Literatur

Arbeitskreis Amphibien und Reptilien in Nordrhein-Westfalen (2011) Ausgesetzte Arten. Handbuch der Amphibien und Reptilien Nordrhein-Westfalens, Bd. 2. Laurenti, Bielefeld, S 1137–1158

Bringsøe H (2001) *Trachemys scripta* (Schoepff, 1792) – Buchstaben-Schmuckschildkröte. In: Fritz U (Hrsg) Schildkröten (Testudines) I. Handbuch der Reptilien und Amphibien Europas, Bd. 3/IIIA. AULA, Wiebelsheim, S 525–583

Creemers R, Delft v HJ (2009) Exoten. De Amphibieën en Reptilen van Nederland. Nationaal Natuurhistorisch Museum Naturalis, Leiden, S 324–328 (European Invertebrate Survey)

Duguet R, Melki F (Hrsg) (2003) Les Amphibiens de France, Belgique et Luxembourg. Collection Parténope. éditions Biotope, Mèze, S 372–374

Sachverzeichnis

springer.com

D. Glandt
Amphibien und Reptilien
Herpetologie für Einsteiger
1. Aufl. 2016, VIII, 246 S. 177 Abb. in Farbe,
Hardcover
*24,99 € (D) | 25,69 € (A) | CHF 26.00
ISBN 978-3-662-49726-5

Von dem Fachmann für Amphibien und Reptilien

- Wissenschaftlich fundiertes, dennoch verständliches Werk über die verschiedenen Facetten der Herpetologie
- Vierfarbig mit ausgezeichneten Fotos und verständlichen Grafiken

Neu in der
1. Auflage

Als überaus erfahrener Herpetologe, dessen Wissen und Erfahrung in zahlreiche Fachbücher Eingang gefunden hat, ist Dieter Glandt prädestiniert, dieses fachlich fundierte und gleichzeitig gut verständliche Buch zu den Lurchen und Kriechtieren zu verfassen. Brillante Fotos renommierter Fotografen sowie didaktisch ansprechende Grafiken runden das Buch ab und erlauben ein Schmökern in diesem für den Wissenschaftler anregenden wie auch Laien verständlichen Werk.

Viele Lurche und Kriechtiere sind stark gefährdet oder vom Aussterben bedroht. Warum dies so ist und was sich dagegen tun lässt, ist ein Schwerpunkt dieses Buches. Auch auf der Suche nach Tipps für die Neuanlage von Kleingewässern und die Pflege älterer Lebensräume sowie Hinweise für den Schutz der hochgradig bedrohten Meeresschildkröten finden sich in dieser Einführung.

Dieter Glandt ist promovierter Biologe und beschäftigt sich seit rund fünfzig Jahren mit Amphibien und Reptilien. Viele Jahre war er beruflich im Naturschutz tätig.

Jetzt bestellen: springer.com/shop